国家中等职业教育改革发展示范学校建设成果系列教材

PLC 技术及应用

刘 富 于 瑾 主 编

张 践 杨玉宏 杨亚娟 副主编

U0310040

中国铁道出版社
CHINA RAILWAY PUBLISHING HOUSE

内 容 简 介

本书依据 2001 年颁布的《中等职业学校电气运行与控制专业教学指导方案》中主干课程"可编程控制器技术"的教学基本要求，结合作者多年的一线教学经验及企业对中级技术工人等级考核标准而编写。

本书以三菱 FX2N 系列可编程控制器（PLC）为例，在突出以专业能力为本位的前提下，详细介绍了可编程控制器的结构原理及内部资源，重点阐述了可编程控制器的基本逻辑指令、步进顺控指令和功能指令的格式、使用方法、应用以及程序设计的方法和技巧。全书共分五章：PLC 基础知识、梯形图与指令表、步进顺控指令、功能指令和 PLC 应用程序设计。

本着教学内容由浅入深、学生能力逐步提高的宗旨，本书将理论知识和技能训练有机地结合在一起。通过每节理论知识后的技能训练，加深学生对理论知识的理解和再认识，进而在理论指导下进行再实践，提高了实践的知识含量，激发了学生的求知欲和主动参与技能实践的学习意识。

本书适合作为中等职业学校电气运行与控制专业、机电一体化专业的教学用书。

图书在版编目（CIP）数据

PLC 技术及应用 / 刘富，于瑾主编. — 北京：
中国铁道出版社，2014.7（2014.12 重印）
国家中等职业教育改革发展示范学校建设成果系列教材
ISBN 978-7-113-18554-1

Ⅰ. ①P… Ⅱ. ①刘… ②于… Ⅲ. ①plc 技术－中等专业学校－教材 Ⅳ. ①TM571.6

中国版本图书馆 CIP 数据核字(2014)第 106162 号

书　　名：PLC 技术及应用
作　　者：刘　富　于　瑾　主编

策　　划：李中宝　蔡家伦　　　　　　　读者热线：400-668-0820
责任编辑：李中宝
编辑助理：绳　超
封面设计：付　巍
封面制作：白　雪
责任校对：汤淑梅
责任印制：李　佳

出版发行：中国铁道出版社（100054，北京市西城区右安门西街 8 号）
网　　址：http://www.51eds.com
印　　刷：北京新魏印刷厂
版　　次：2014 年 7 月第 1 版　　　　2014 年 12 月第 3 次印刷
开　　本：787mm×1092mm　1/16　印张：11　字数：276 千
书　　号：ISBN 978-7-113-18554-1
定　　价：28.00 元

本书是国家级中等职业示范校电气运行与控制专业的教材,适用于中等职业学校电气运行与控制专业和机电一体化专业的教学，也可作为行业部门技术工人岗位培训教材及自学用书。

本书依据 2001 年颁发的《中等职业学校电气运行与控制专业教学指导方案》中主干课程"可编程控制器技术"的教学基本要求，结合作者多年的一线教学经验及企业对中级技术工人等级考核标准而编写。教材在突出专业能力为本位的前提下，有以下几个特点：

（1）理实并进，强化学生能力培养。本书的教学内容，注重理论与实践的有机结合，力求做到由浅入深、循序渐进。每个知识点后都配有相应的技能训练和课后练习，真正做到了"学中做、做中学"。实践性和应用性的结合，不仅提升了学生的理论知识，也使学生的专业技能逐步提高。

（2）图文并茂，增加教学内容直观性。教材编写使用统一的规范语言及图形符号，并根据学科的特点，配以大量具有代表性的图片，力求使学生把握教学的重、难点。

（3）实践教学，充分利用学校教学资源。教材中呈现的技能训练尽量与学校 PLC 实验室配套设备贴近，使学生更好地利用学校现有资源完成本课程的学习。

全书共分五章：PLC 基础知识、梯形图与指令表、步进顺控指令、功能指令和 PLC 应用程序设计。

本书教学课时建议为 72 课时，具体分配如下：

教学单元	授 课 内 容	建议课时分配		
		理论课时	技能训练课时	小计
第一章	可编程控制器的组成及工作原理	2	2	11
	可编程控制器的分类、特点及机型选择	2	1	
	GX Developer 编程软件使用入门	2	2	
第二章	梯形图的设计原则	1	1	17
	FX2N 系列 PLC 的内部资源	6	2	
	FX2N 系列 PLC 的基本逻辑指令	5	2	
第三章	状态转移图	3	2	12
	步进顺控指令 STL/RET 及编程方法	3	4	
第四章	功能指令概述	1	2	13
	FX2N 系列 PLC 功能指令的编程方法	8	2	
第五章	典型电路梯形图	3	2	11
	PLC 程序设计	4	2	
机　动		4	—	4
复　习		4	—	4
合　计		48	24	72

本书由沈阳市汽车工程学校刘富、于瑾担任主编，张践、杨玉宏、杨亚娟担任副主编，李兵完成了全书的插图绘制。本书在编写过程中参阅了相关的教材及网络上的信息，这里向相关作者一并表示感谢。

由于编者水平有限，时间仓促，书中难免有疏漏之处，恳请读者批评指正。

编　者

2014 年 3 月

目 录

第一章

PLC 基础知识

可编程控制器（Programmable Logic Controller，PLC），是一种以微处理器为基础的新一代通用型工业控制装置，主要应用于工业控制领域。在诞生的数十年间，PLC 的发展十分迅猛，已被广泛应用于各种生产机械和生产过程的自动控制中，成为一种最重要、最普及、应用场合最多的工业控制装置，极大地提高了劳动生产率和自动化程度。目前，PLC 控制技术已被公认为现代工业自动化控制的三大支柱（PLC、机器人、CAD/CAM）之一。

本章以 FX2N 系列 PLC 为例，从 PLC 的基本结构、工作原理、分类、特点及应用和发展入手，使学生熟练掌握 PLC 的运行环境、安装接线和型号选择的方法，了解 PLC 外围直流控制及负载线路的连接，熟悉 GX Developer 编程软件的使用，为后续 PLC 的实际应用奠定基础。

第一节　可编程控制器的组成及工作原理

学习目标

（1）了解可编程控制器的发展；

（2）理解可编程控制器的定义；

（3）熟悉可编程控制器的组成；

（4）掌握可编程控制器的工作原理。

作为一种专用的工业控制装置，可编程控制器在传统继电器控制系统的基础上，结合计算机灵活、方便的特点设计并制造。其内部配有可编制程序的存储器，用于存储各类指令、程序代码及程序运行所需的数据，并通过数字量或模拟量控制各种类型的执行装置，其主要功能是替代传统继电器，执行逻辑、计时和计数等顺序控制功能，建立一种柔性的程序控制系统。PLC 及其有关的外围设备是工业控制系统中的重要组成部分，尤其在底层控制中，PLC 一般都会是控制系统的核心。

伴随着大规模和超大规模集成电路等微电子技术的迅猛发展，现代的 PLC 不仅能够实现开关量的顺序逻辑控制、数字运算、数据处理、运动控制及模拟量控制，而且还具有远程 I/O、通信联网及图像显示等功能。

一、可编程控制器的定义

1987 年，国际电工委员会（IEC，International Electrical Commission）颁布的 PLC 标准草

案中对 PLC 做了如下定义：PLC 是一种专门为在工业环境下应用而设计的数字运算操作的电子装置。它采用可以编制程序的存储器，用来在其内部存储执行逻辑运算、顺序运算、计时、计数和算术运算等操作的指令，并能通过数字式或模拟式的输入和输出，控制各种类型的机械或生产过程。PLC 及其有关的外围设备都应该按易于与工业控制系统形成一个整体，易于扩展其功能的原则而设计。

二、可编程控制器的组成与工作原理

1. PLC 的组成

PLC 的类型繁多，功能和指令系统也不尽相同，但结构与工作原理基本相同，通常由中央处理单元（CPU）、存储器（RAM、ROM）、输入/输出（I/O）接口、电源和编程器等几个主要部分组成，如图 1-1 所示。

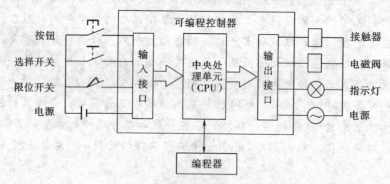

图 1-1　PLC 的基本结构

（1）中央处理单元（CPU）。CPU 是 PLC 运算和控制的核心，起着协调和指挥整个系统工作的作用。CPU 由控制电路、运算器和寄存器组成，这些电路通常都被封装在一个集成电路的芯片上，其工作电压为 5 V。CPU 通过地址总线、数据总线、控制总线与存储单元、输入/输出接口电路连接。CPU 具备如下功能：

① 诊断 PLC 电源、内部电路的工作状态及编制程序中的语法错误；

② 采集现场的状态或数据，并送入 PLC 的寄存器中；

③ 逐条读取指令，完成各种运算和操作；

④ 将处理结果送至输出端；

⑤ 响应各种外围设备的工作请求。

（2）存储器（RAM、ROM）。存储器主要用于存放系统程序、用户程序及工作数据，常用的存储器有 RAM、EPROM 和 PROM。根据其存储数据的不同，PLC 的内部存储器有两类：一类是系统程序存储器（ROM），主要存放系统管理程序、监控程序及系统内部数据，用户不能更改；另一类是用户程序及数据存储器（RAM），包括用户程序存储区和工作数据存储区，这类存储器一般由低功耗的 CMOS-RAM 构成，其中的存储内容可读出并更改。其中掉电会丢失的存储内容，一般用锂电池来保持。

（3）输入/输出（I/O）接口。输入/输出接口是 PLC 与输入/输出设备连接的部件。输入接口（见图 1-2）接收输入设备（如按钮、传感器、触点、行程开关等）的控制信号。输出接口（见图 1-3）是将主机经处理后的结果通过功放电路去驱动输出设备（如接触器、电磁阀、指示灯等）。其中，继电器输出型为有触点输出方式，用于开、关频率较低的直流负载或交流负载回路；晶闸管输出型为无触点输出方式，用于开、关频率较高的交流负载回路；晶体管输出型为无触点输出方式，用于开、关频率较高的直流负载回路。输入/输出接口一般采用光耦合电路，以减少电磁干扰，从而提高了可靠性。

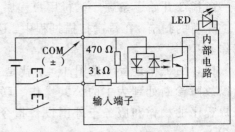

图 1-2　PLC 输入接口电路（直流输入型）

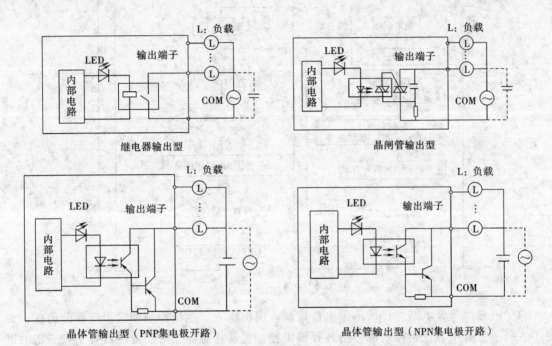

继电器输出型　　　　　　　晶闸管输出型

晶体管输出型（PNP集电极开路）　　　晶体管输出型（NPN集电极开路）

图 1-3　PLC 输出接口电路（开关量）

（4）电源。电源是指为 CPU、存储器、I/O 接口等内部电子电路工作所配置的直流开关稳压电源，通常也为输入设备提供直流电源。

（5）编程器。编程器是 PLC 的一种主要外围设备，用于输入、检查、修改、调试程序或监示 PLC 的工作情况。通常情况下，编程器可分为简易型和智能型两种。PLC 程序的编辑及监控，还可通过适配器或专用电缆线将 PLC 与计算机连接，并利用专用的工具软件来完成。

（6）输入/输出扩展接口。输入/输出扩展接口用于连接扩充外部输入/输出端子数的扩展单元与基本单元（即主机）。

（7）外围设备接口。外围设备接口可将编程器、打印机、条码扫描仪等外围设备与主机相连，以完成相应的操作。

2. PLC 的工作原理

PLC 采用"顺序扫描、不断循环"的工作方式进行工作。在 PLC 运行时，CPU 按指令步序号（或地址号）对存储器中的用户程序进行周期性循环扫描，如无跳转指令，则从

第一条指令开始逐条顺序执行用户程序，直至程序结束；然后重新返回第一条指令，开始下一轮新的扫描。在每次扫描过程中，还要完成对输入信号的采样和对输出状态的刷新等工作。

PLC 的工作过程（见图 1-4）就是 CPU 扫描程序的执行过程，这些操作过程大致分为以故障诊断处理为主的公共操作、联系工业控制现场的数据输入和输出的操作、执行用户程序的操作和服务于外围设备指令的操作（如果没有外设命令，系统自动循环扫描运行）。

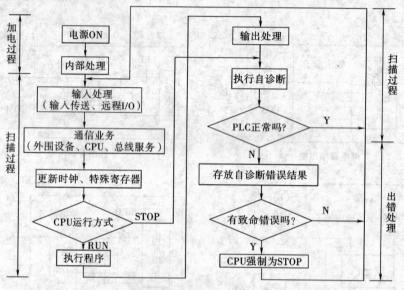

图 1-4　PLC 的工作过程

（1）PLC 的等效电路。传统的继电器控制系统由输入、逻辑控制和输出三部分组成，如图 1-5 所示。其中，逻辑控制部分由各种继电器（包括接触器、时间继电器等）按一定的逻辑关系用导线连接而成，当逻辑控制功能发生变化时，必须对继电器电路进行重新设计、安装和调试。

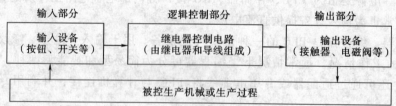

图 1-5　传统的继电器控制系统

由于 PLC 控制系统替代的是继电器系统的逻辑控制部分，因此它也是由输入、逻辑控制和输出三部分组成的。在进行 PLC 应用程序设计时，可以将 PLC 等效为一个由多种编程元件（如输入继电器、输出继电器、辅助继电器、定时器和计数器等）组成的整体。这些编程元件与真实元件有差异，因此称为"软"继电器，如图 1-6 所示。

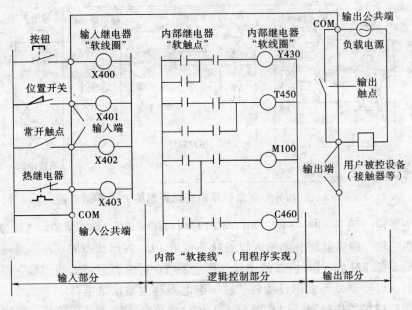

图 1-6 PLC 控制系统

下面以三相异步电动机单向启动运行控制为例，介绍 PLC 等效电路。图 1-7 中，由输入设备 SB1、SB2、FR 的触点构成 PLC 控制系统的输入部分，由输出设备 KM 构成 PLC 控制系统的输出部分。

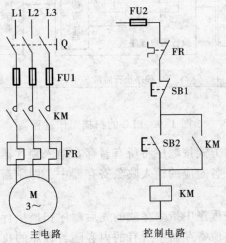

图 1-7 三相异步电动机单向启动控制

分析可知，PLC 控制系统的设计无须改变单向启动控制的主电路，只要将输入设备 SB1、SB2、FR 的触点与 PLC 的输入端连接，输出设备 KM 的线圈与 PLC 的输出端连接，就可构成 PLC 控制系统的输入/输出硬件电路。三相异步电动机单向启动的控制功能可以由 PLC 的用户程序来实现，等效电路如图 1-8 所示。

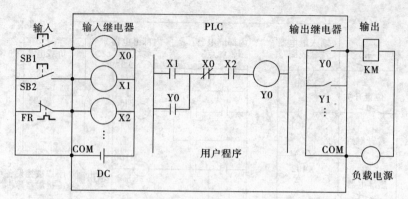

图 1-8 三相异步电动机单向启动控制的 PLC 等效电路

图 1-8 中，输入设备 SB1、SB2、FR 与 PLC 内部的"软"继电器 X0、X1、X2 的线圈对应，通过这些"软"继电器将外部输入设备状态变成 PLC 内部状态的"软"继电器称为输入继电器；输出设备 KM 与 PLC 内部的"软"继电器 Y0 对应，通过这些"软"继电器将 PLC 内部状态输出，以控制外部输出设备的"软"继电器称为输出继电器。

（2）PLC 的扫描工作过程。PLC 的扫描工作过程可分为输入采样阶段、程序执行阶段和输出刷新阶段，如图 1-9 所示。

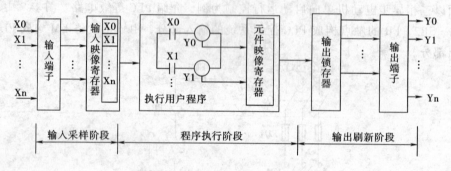

图 1-9 PLC 的扫描工作过程

输入采样阶段：以扫描方式按顺序将所有暂存在输入锁存器中的输入端子的通断状态或输入数据读入，并将其写入各对应的输入映象寄存器中，即刷新输入。随即关闭输入端口，进入下一阶段阶段。

程序执行阶段：按用户程序中指令存放的先后顺序扫描执行每条指令，执行的结果写入元件映像寄存器中，元件映像寄存器中所有的内容随着程序的执行而改变。

输出刷新阶段：当所有指令执行完毕，输出状态寄存器的通断状态在输出刷新阶段送至输出锁存器中，并通过一定的方式（继电器、晶体管或晶闸管）输出，驱动相应输出设备工作。

三、可编程控制器的发展

1968 年，美国 GM（通用汽车）公司提出取代继电器控制装置的要求，第二年，美国数字公司研制出了基于集成电路和电子技术的控制装置，使得电气控制功能实现了程序化，这就是世界上公认的第一台可编程控制器，其英文为 Programmable Controller，简称 PC。限于当时的元器件条件及计算机发展水平，早期的可编程控制器主要由分立元件和中小规模集成电路组成，可以完成简单的逻辑控制及定时、计数功能。为区分于个人计算机，美国 AB 公司将可编程控制器定名为可编程逻辑控制器，其英文为 Programmable Logic Controller，简称 PLC，其中文名称可简称为"可编程控制器"。

20 世纪 70 年代初期，微处理器的引入使可编程控制器增加了运算、数据传送及处理等功能，同时，可编程控制器采用和继电器电路图类似的梯形图作为主要编程语言，并将参加运算及处理的计算机存储元件都以继电器命名，此时的 PLC 将微机技术和继电器常规控制技术有机地结合在一起。

20 世纪 70 年代中末期，计算机技术被全面引入到可编程控制器中，使其具有更高的运算速度、超小型体积、更可靠的工业抗干扰设计、模拟量运算、PID 功能及极高的性价比，可编程控制器进入了实用化发展阶段。

20 世纪 80 年代至 90 年代中期， PLC 在处理模拟量能力、数字运算能力、人机接口能力和网络能力方面得到了大幅度提高，PLC 逐渐进入过程控制领域，这是 PLC 发展最快的时期，年增长率一直保持在 30% ~ 40%。

20 世纪末期，可编程控制器向更加适应于现代工业的需要方向发展。出现了大型机、超小型机、特殊功能单元、人机界面单元和通信单元等，使可编程控制器在机械制造、石油化工、冶金钢铁、汽车、轻工业等领域的应用都得到了长足的发展。

随着计算机科学和相关的通信、自动化等各学科的发展，计算机技术的新成果越来越多地应用于可编程控制器的设计和制造上，使得 PLC 的运算速度、控制能力、智能性等各方面都有所增强；随着企业规模的扩大，即自动化在日常生活中的深入应用，PLC 将向两极发展，即超小型和超大型；从产品的配套性上看，产品的品种会更丰富、规格更齐全、完美的人机界面、完备的通信设备会更好地适应各种工业控制场合的需求；从网络的发展情况来看，可编程控制器和其他工业控制计算机组网，构成大型的控制系统是可编程控制器技术的发展方向。目前的计算机集散控制系统 DCS（Distributed Control System）中已有大量的可编程控制器应用。伴随着计算机网络的发展，可编程控制器作为自动化控制网络和国际通用网络的重要组成部分，在工业及工业以外的众多领域发挥着越来越大的作用。

课后练习

（1）简述可编程控制器的概念。

（2）可编程控制器由几部分组成？各组成部分的作用是什么？

（3）简述可编程控制器的工作原理。

（4）可编程控制器的工作分为几个阶段？各阶段的作用是什么？

（5）世界上第一台可编程控制器是哪年诞生的？PLC 技术的发展趋势是什么？

技能训练一　PLC 安装接线

能力目标

（1）了解可编程控制器的各组成部分；

（2）掌握 PLC 的安装环境及安装方法；

（3）掌握 PLC 外围直流控制及负载线路的连接方法；

（4）初步具备在生产现场对 PLC 进行安装、接线的操作能力；

（5）培养良好的职业习惯。

使用器材

使用器材，如表 1-1 所示。

表 1-1　使用器材

序　号	名　　　称	型号与规格	数　量	备　注
1	可编程控制器实训装置	THPFSL-1/2	1	
2	实训导线	3 号	若干	
3	SC-09 通信电缆		1	三菱
4	计算机		1	自备
5	万用表		1	自备

知识链接

（1）PLC 结构认知。三菱 FX2N-64MR 实物图如图 1-10 所示，结构示意图如图 1-11 所示。

图 1-10　三菱 FX2N-64MR 实物图

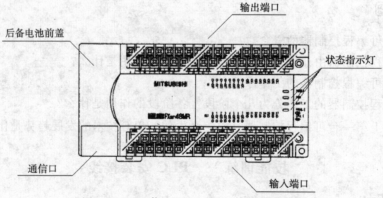

图 1-11　三菱 FX2N-64MR 结构示意图

（2）PLC 的安装环境及方法。由于 PLC 适用于大多数工业现场，因此良好的使用场合、环境温度等对有效提高它的工作可靠性和使用寿命是非常重要的。PLC 机体固定有两种方法：螺钉直接固定法和 DIN 轨道固定法。为了使控制系统工作可靠，通常把可编程控制器在工作状态下的温度保持在规定环境温度范围内，安装机器应有足够的通风空间，基本单元和扩展单元之间要有 30 mm 以上间隔，如果周围环境温度超过 55 ℃，要安装电风扇，强迫通风。

外部控制接线图

外部控制接线图如图 1-12 所示。

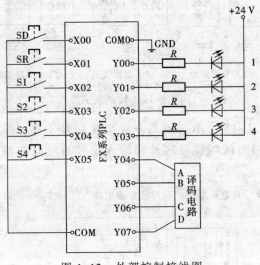

图 1-12　外部控制接线图

操作步骤

（1）PLC 机体固定。

（2）PLC 内部接线：

① 电源接线，如图 1-13 所示。一般 PLC 的输入端和输出端不采用同一种电源。在可能的情况下，对可编程控制器系统的输入装置、输出负载、CPU 和扩展 I/O 可采用单独的电源供电。PLC 的基本单元和扩展单元必须同时通电/断电，两者共用一个电源开关。在 PLC 的面板上有三个对应的电源接线端子和一个中性线接线端子，实际接线时只能选择其中的一种电源接入对应的电源端子。

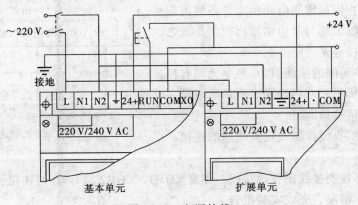

图 1-13　电源接线

② 接地，如图 1-14 所示。PLC 的接地线一般与机器的接地端相连接，基本单元必须接地，扩展单元与基本单元的接地点可连接在一起。接地线应尽可能短，在满足接地电阻小于 100Ω，接地线截面积大于 2mm² 的条件下，采用单点接线方式，禁止与其他设备串联接地。

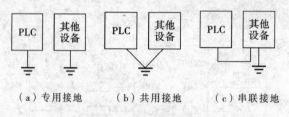

（a）专用接地　　　（b）共用接地　　　（c）串联接地

图 1-14　接地方式

③ 输入接线，如图 1-15 所示。PLC 一般接收行程开关、限位开关和接近开关等输入的开关信号，各输入端的接线就是将外部输入信号与对应的输入端之间用信号线缆连接起来。

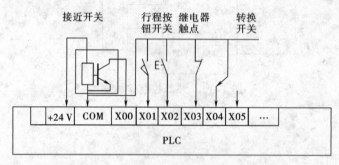

图 1-15　输入接线

💡 注意：

a. 输入接线一般不要超过 30 m，但如果环境干扰较小，电压降不大时，输入接线可适当延长；

b. 输入/输出接线不能用同一根电缆，即输入/输出接线要分开走。

④ 输出接线，如图 1-16 所示。PLC 的输出元件一般被封装在内部印制电路板上，各输出端的接线就是将各输出端与对应的输出控制负载之间用信号线缆连接起来。

⑤ PLC 各单元间的接线。PLC 各单元间有标准的通信接口，断开 PLC 的电源，将扁平电缆一端插入相应的通信接口即可。

（3）PLC 外围直流控制及负载线路的连接。详述如下：

① 按照外部控制接线图正确接线，注意 COM1、COM2 和 GND 的连接；

② 记录操作情况，完成实验报告。

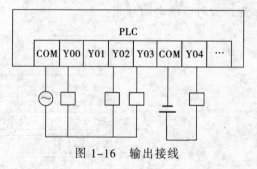

图 1-16　输出接线

操作总结

（1）详细描述 FX2N 系列 PLC 的硬件结构；

（2）总结 PLC 的内部接线方法；

（3）记录 PLC 外围直流控制及负载线路的连接情况。

课后回顾

自从 1969 年世界上第一台可编程控制器在美国通用汽车公司生产线上首次应用成功以来，PLC 的发展十分迅速，PLC 的结构和功能不断改进，产品更新速度不断提高。为满足现代化企业生产自动化的不断需要，PLC 向着小型化、标准化、系列化、智能化、大容量化、高速化、高性能化和分布式全自动网络化方向发展。

可编程控制器是集继电器控制技术和计算机控制技术为一体的一种新型工业控制装置，它采用计算机硬件的基本结构，由中央处理单元（CPU）、存储器（RAM、ROM）、输入/输出（I/O）接口、电源和编程器等几个主要部分组成，具有逻辑控制、顺序控制和模拟量输入/输出、定位控制、旋转角度检测、高速计数、数据处理、联网通信等综合性功能。

区别于微型计算机等待命令的执行方式，可编程控制器采用周期性循环扫描的工作方式，有效地增强了系统的抗干扰能力。在工业自动化控制过程中，可编程控制器采用可编程的存储方式替代了传统继电器控制系统中的控制电路部分，大大减少了控制系统设计、安装和接线的工作量。

PLC 的工作过程如图 1-17 所示。主要包括自诊断、检测 PLC 与编程器、计算机等的通信请求、输入采样、执行程序和输出刷新结果，这些过程构成了 PLC 工作的一个扫描周期。扫描周期是 PLC 的一个重要指标，其大小主要取决于程序的长短。

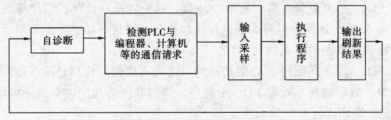

图 1-17　PLC 的工作过程

第二节　可编程控制器的分类、特点及机型选择

学习目标

（1）了解可编程控制器的应用领域；

（2）理解可编程控制器型号选择的方法；

（3）熟悉可编程控制器的特点；

（4）掌握可编程控制器的分类。

随着 PLC 的推广普及，其产品种类越来越多，功能日趋完善。不同厂家生产的不同系列的产品可以在控制功能、结构形式、容量等方面加以区分。各个厂家生产的产品都具备较高的可靠性，因此，PLC 机型的选择主要考虑在功能上是否满足用户的控制需求，而不浪费机器的容量。

一、PLC 的分类

不同厂家开发生产的 PLC 产品有几十个系列，它们的规格和性能各不相同，可以根据产地、结构形式、功能和 I/O 点数等方面对 PLC 进行分类。

1. 按产地分类

PLC 的产地主要有日本、欧美、韩国、中国等。其中日本具有代表性的品牌有三菱、欧姆龙、松下、光洋等；欧美具有代表性的品牌有西门子、AB、通用电气、得州仪表等；韩国具有代表性的品牌有 LG 等；中国具有代表性的品牌有合利时、浙江中控、台达等。

2. 按结构形式分类

根据结构形式的不同，PLC 可分为整体式和模块式两类。

（1）整体式 PLC。整体式 PLC 是将电源、CPU、I/O 接口等部件都集中装在一个机箱内，具有结构紧凑、体积小、价格低的特点。小型 PLC 一般采用整体式结构。

（2）模块式 PLC。模块式 PLC 是将 PLC 各组成部分，分别做成若干个单独的模块，如 CPU 模块、I/O 模块、电源模块（有的含在 CPU 模块中）以及各种功能模块。模块式 PLC 由框架或基板和各种模块组成。模块装在框架或基板的插座上。这种模块式 PLC 的特点是配置灵活，可根据需要选配不同规模的系统，而且装配方便，便于扩展和维修。大中型 PLC 一般采用模块式结构。

3. 按功能分类

根据控制功能的不同，PLC 可分为低档、中档、高档三类。

（1）低档 PLC。具有逻辑运算、定时、计数、移位以及自诊断、监控等基本功能，还可有少量模拟量输入/输出、算术运算、数据传送和比较、通信等功能。主要用于逻辑控制、顺序控制或少量模拟量控制的单机控制系统。

（2）中档 PLC。除具有低档 PLC 的功能外，还具有较强的模拟量输入/输出、算术运算、数据传送和比较、数制转换、远程 I/O、子程序、通信联网等功能。有些还可增设中断控制、PID 控制等功能，适用于复杂控制系统。

（3）高档 PLC。除具有中档 PLC 的功能外，还增加了带符号算术运算、矩阵运算、位逻辑运算、平方根运算及其他特殊功能函数的运算、制表及表格传送功能等。高档 PLC 具有更强的通信联网功能，可用于大规模过程控制或构成分布式网络控制系统，实现工厂自动化。

4. 按 I/O 点数分类

I/O 点数即输入/输出端子数，是 PLC 的一项重要的技术指标。根据 I/O 点数的多少，可将 PLC 分为超小型、小型、中型和大型四类。

（1）超小型 PLC。I/O 点数小于 64 的称为超小型 PLC 或微型 PLC。

（2）小型 PLC。I/O 点数在 64～256 之间的称为小型 PLC。

（3）中型 PLC。I/O 点数在 256～2 048 之间的称为中型 PLC。

（4）大型 PLC。I/O 点数在 2 048 以上的称为大型 PLC。其中，I/O 点数超过 8 192 点的称为超大型 PLC。

通常情况下，PLC 功能的强弱与其 I/O 点数的多少是相互关联的，PLC 的功能越强，其可配置的 I/O 点数越多，PLC 的分类如表 1-2 所示。

表 1-2　PLC 的分类

性　能	小　型	中　型	大　型
I/O 点数	256 点以下	256 ~ 2 048 点	2 048 以上
存储器容量	0.5 ~ 2KB	2 ~ 64 KB	64 KB 以上
CPU	单 CPU、8 位微处理器	双 CPU、16 位字处理器、32 位微处理器	多 CPU，高速片式微处理器和浮点处理器
扫描速度/（ms/千步）	10 ~ 60	10 ~ 60	1.5 ~ 5
辅助继电器/个	8 ~ 256	256 ~ 2 048	2 048 ~ 8 192
定时器/个	8 ~ 64	64 ~ 256	256 ~ 1 024
计数器/个	8 ~ 64	64 ~ 256	256 ~ 1 024
智能 I/O（特殊功能模块）	少	有	有
联网能力（通信功能）	有	有	有
主要用途	逻辑运算、定时、计数、简单算术运算、比较、数制转换	逻辑运算、定时、计数、寄存器和触发器功能。算术运算、比较、数制转换、三角函数、开方、乘方、微分、积分、定时中断	逻辑运算、定时、计数、寄存器和触发器功能。算术运算、比较、数制转换、三角函数、开方、乘方、微分、积分、PID、定时中断、过程监控、文件处理
编程语言	梯形图、指令（语句）表	梯形图、流程图、指令（语句）表	梯形图、流程图、指令（语句）表、图表语言、实时 BASIC

二、PLC 的特点

1. 可靠性高、抗干扰能力强

PLC 采用现代大规模集成电路技术，内部电路采用严格的生产工艺制造，I/O 接口电路均采用光电隔离，使工业现场的外电路与 PLC 内部电路之间电气上隔离，各输入端均采用 RC 滤波器，各模块均采用屏蔽措施，并具有良好的自诊断功能，大型 PLC 还具有双 CPU 构成冗余系统或有三 CPU 构成表决系统，使可靠性进一步提高。

从 PLC 的外电路来说，使用 PLC 构成控制系统与同等规模的继电接触器系统相比，电气接线及开关接点已减少到数百分之一甚至数千分之一，故障也就大大降低。此外，PLC 带有硬件故障自我检测功能，出现故障时可及时发出警报信息。在应用软件中，应用者还可以编入外围器件的故障自诊断程序，使系统中除 PLC 以外的电路及设备也获得故障自诊断保护。

2. 丰富的 I/O 接口

PLC 配备丰富的 I/O 接口，能够将现场的各种信号转换成 PLC 可识别的信号。这些信号分为离散信号和模拟信号两种。一些按钮、开关、电磁线圈和控制阀等器件通过传感器产生高低电平形成离散信号，一些温度、压力、速度等传感器通过其测量值映射为模拟信号，只要配备相应的采集装置，PLC 就可以通过 I/O 接口与现场装置进行互动。

3. 配套齐全、功能完善、适用性强

PLC 发展到今天，已经形成了大、中、小各种规模的系列化产品。可以用于各种规模的

工业控制场合。除了具备逻辑处理能力，现代 PLC 还具有完善的数据运算能力，可用于各种数字控制领域。近年来 PLC 的功能单元大量涌现，使 PLC 渗透到了位置控制、温度控制、CNC 等各种工业控制中。加上 PLC 通信能力的增强及人机界面技术的发展，使 PLC 组成各种控制系统变得非常容易。

4. 易学易用，深受工程技术人员欢迎

PLC 作为通用工业控制计算机，是面向工矿企业的工控设备。它接口简单，编程语言易于被工程技术人员接受，尤其梯形图语言的图形符号能够形象地表达各种逻辑结构，不需要使用人员具有专业的计算机知识，只需用 PLC 的少量开关量逻辑控制指令就可以方便地实现继电器电路的功能，完成编程工作，这就使得开发人员能将更多的精力放在工控设计方面，进而提高工作效率。

5. 系统的设计、安装、调试工作量小，维护方便、易于改造

PLC 用存储逻辑代替接线逻辑，大大减少了控制设备外部的接线，使控制系统设计及调试的周期大为缩短。同时，PLC 采用智能模块化设计，能事先进行各类模块功能化的模拟调试，大大减少了维护的工作量，更重要的是使同一设备通过改变程序就可以改变生产过程成为可能。这很适合多品种、小批量的生产场合。

6. 体积小、质量小、能耗低

由于 PLC 专为工业控制而设计，易于装入机械设备内部。以超小型 PLC 为例，产品底部尺寸小于 100 mm，质量小于 150 g，功耗仅数瓦。因此，PLC 是目前实现机电一体化的理想控制设备。

三、PLC 机型的选择

PLC 品种较多，有日本三菱公司和立石公司、德国西门子公司、美国 AB 公司和通用公司等的系列产品。虽然它们的工作原理大体相同，且编程和使用方法也基本相似，但在结构、功能、容量、指令系统、编程方式和价格等方面各不相同，适用的场合也各有侧重。因此，合理选用 PLC,对于提高 PLC 控制系统的技术经济指标有着重要意义。

1. FX2N 系列 PLC 的型号命名

FX2N 系列 PLC 的型号含义如图 1–18 所示。

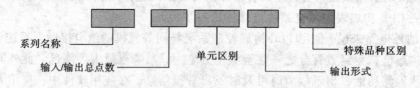

图 1–18　FX2N 系列 PLC 的型号含义

型号含义详述如下：

（1）系列名称——如 FX1、FX2、FX2N 等。

（2）输入/输出总点数——16 ~ 256 点。

（3）单元区别：M ——基本单元；

　　　　　　　　E ——输入/输出混合扩展单元及扩展模块；

　　　　　　　　EX——输入专用扩展模块；

　　　　　　　　EY——输出专用扩展模块。

14

（4）输出形式：R——继电器输出（交、直流负载两用）；

　　　　　　　T——晶体管输出（直流负载用）；

　　　　　　　S——晶闸管输出（交流负载用）。

（5）特殊品种区别：D——DC 电源、DC 输入；

　　　　　　　A——AC 电源、AC 输出（AC 100～120 V）或 AC 输入模块；

　　　　　　　H——大电流输出扩展模块（1A/1 点）；

　　　　　　　V——立式端子扩展模块；

　　　　　　　C——接插口输入/输出方式；

　　　　　　　F——输入滤波器 1 ms 的扩展模块；

　　　　　　　L——TTL 输入型扩展模块；

　　　　　　　S——独立端子（无公共端）扩展模块。

2. FX2N 系列 PLC 的结构技术指标

FX2N 是 FX 系列 PLC 中最先进的系列，它具有程式执行快、全面补充通信功能、适合不同的电源及满足单个需要的大量特殊功能模块的特点，为工厂自动控制提供了最大的灵活和控制能力。FX2N 系列是由电源模块、CPU、存储器和输入/输出模块组成的单元型 PLC，电源模块为 AC 电源、输入电压为 DC 24 V，内装 DC 24 V 电源作为输入器件的辅助电源；基本单元及扩展单元采用易于维修的装卸式端子台；在编程端子罩内装有 RUN/STOP 开关；标准型内装 8 千步有备用电池的 RAM 存储器，而且可以进行扩充；具有可进行时间控制计时等功能。

FX2N 系列 PLC 的一般技术指标、电源技术指标、输入技术指标、输出技术指标，如表 1-3 至表 1-6 所示。

表 1-3　FX2N 系列 PLC 的一般技术指标

环境温度	使用时：0～55 ℃，储存时-20～70 ℃	
环境湿度	RH：35%～89%（不结露）	
抗振	JISC 0911 标准 10～55Hz 0.5 mm(最大 2g)三轴方向各 2 h（导轨安装 0.5g）	
抗冲击	JISC 0912 标准 10g 三轴方向各三次	
抗噪声干扰	用噪声仿真器产生的峰-峰值电压为 1 000 V,噪声脉冲宽度为 1μs，频率为 30～100 Hz，在噪声干扰下，PLC 能够正常工作	
耐压	AC 1 500 V，1 min	其他端子与接地端子之间
绝缘电阻	5 MΩ 以上	
接地	第三种接地，不能接地时可浮空	
使用环境	无腐蚀性气体，无尘埃	

表 1-4　FX2N 系列 PLC 的电源技术指标

项　目	FX2N-16M	FX2N-32M FX2N-32E	FX2N-48M FX2N-48E	FX2N-64M	FX2N-80M	FX2N-128M
电源电压	AC 100～240 V，50 Hz /60 Hz					

续表

项　目		FX2N-16M FX2N-32M FX2N-32E		FX2N-48M FX2N-48E	FX2N-64M	FX2N-80M	FX2N-128M
允许瞬间断电时间		10 ms 以下					
电源熔丝		250 V 3.15 A, $\phi\times20$ mm		250 V 5 A, $\phi\times20$ mm			
电能消耗/V·A		35	40(32E 35)	50(48E 45)	60	70	100
传感器电源	无扩展	DC 24 V　250 mA 以下		DC 24 V　460 mA 以下			
	有扩展	DC 5 V 基本单元 290 mA；扩展单元 290 mA					

表 1-5　FX2N 系列 PLC 的输入技术指标

输入电压	输入电流/mA		输入 ON 电流/mA		输入 OFF 电流/mA		输入阻抗/kΩ		输入隔离	输入响应时间/ms
	X000~X007	X010 以内	X000~X007	X010 以内	X000~X007	X010 以内	X000~X007	X010 以内		
DC 24 V	7	5	4.5	3.5	≤1.5	≤1.5	3.3	4.3	光电绝缘	0~60 可变

表 1-6　FX2N 系列 PLC 的输出技术指标

项　目		继电器输出	晶闸管输出	晶体管输出
外部电源		AC 250 V,DC 30 V 以下	AC 85~240 V	DC 5~30 V
最大负载	电阻性负载	2 A/1 点共享；8 A/4 点共享；8 A/8 点共享	0.3 A/1 点 0.8 A/4 点	0.5 A/1 点 0.8 A/4 点
	电感性负载	80 V·A	15 V·A/AC 100 V 30 V·A/AC 200 V	12 W/DC 24 V
	灯负载	100 W	30 W	1.5 W/DC 24 V
开路漏电流		—	1 mA/AC 100 V 2 mA/AC 100 V	0.1 mA 以下/DC 30 V
响应时间/ms	OFF 到 ON	约 10	<1	
	ON 到 OFF	约 10	≤10	
电路隔离		机械隔离	光敏晶闸管隔离	光耦合器隔离
动作显示		继电器通电时 LED 灯亮	光敏晶闸管驱动时 LED 灯亮	光耦合器驱动时 LED 灯亮

3. PLC 机型的选择

PLC 机型的选择应从输入/输出点、存储容量、I/O 响应时间、输出电路、离线和在线编程、是否联网通信、PLC 结构形式等方面加以综合考虑。PLC 机型选择的基本原则是在满足功能要求及保证可靠、维护方便的前提下，力争最佳的性能价格比。

（1）输入/输出点的选择。输入/输出点是衡量 PLC 规模大小的重要指标。盲目选择点数多的机型会造成一定浪费。要先弄清楚控制系统的输入/输出总点数，再按实际所需总点数的 15%留出备用量（为系统的改造等留有余地）后确定所需 PLC 的点数。

（2）存储容量的选择。对用户存储容量只能进行粗略估算。在仅对开关量进行控制的系统中，可以用"输入总点数×10 +输出总点数×5"来估算；在有模拟量输入/输出的系统中，可以按每输入或输出一路模拟量需 80 ~ 100 字的存储容量来估算；在有通信处理时，按每个接口 200 字以上的数量粗略估算。最后，一般按估算容量的 50% ~ 100%留有余量。

（3）I/O 响应时间的选择。PLC 的 I/O 响应时间包括输入电路延迟、输出电路延迟和扫描工作方式引起的时间延迟（一般在 2 ~ 3 个扫描周期）等。对开关量控制的系统，PLC 和 I/O 响应时间一般都能满足实际工程的要求，可不必考虑 I/O 响应问题。但对模拟量控制的系统，特别是闭环系统就要考虑这个问题。

（4）输出电路的选择。不同的负载对 PLC 的输出方式有不同的要求。例如，频繁通断的电感性负载，应选择晶体管或晶闸管输出型 PLC；对于通断不频繁的交、直流负载，应选择继电器输出型的 PLC。

（5）离线和在线编程的选择。离线编程是指主机和编程器共用一个 CPU，通过编程器的方式选择开关来选择 PLC 的编程、监控和运行工作状态。在线编程是指主机和编程器各有一个 CPU，主机的 CPU 完成对现场的控制，在每一个扫描周期末尾与编程器通信，编程器把修改的程序发给主机，在下一个扫描周期主机将按新的程序对现场进行控制。计算机辅助编程既能实现离线编程，也能实现在线编程。

（6）根据是否联网通信选择。若 PLC 控制的系统需要连入工厂自动化网络，则 PLC 需要有联网通信功能，即要求 PLC 应具有连接其他 PLC 、上位计算机及 CRT 等的接口。大中型机都有通信功能，目前大部分小型机也具有通信功能。

（7）PLC 结构形式的选择。在相同功能和相同 I/O 点数的情况下，整体式比模块式价格低。但模块式具有功能扩展灵活、维修方便（换模块）、容易判断故障等优点，要按实际需要选择 PLC 的结构形式。

四、PLC 的应用

在工业发达国家，PLC 已广泛应用于钢铁、石油、化工、电力、建材、机械制造、汽车、轻纺、交通运输、环保及文化娱乐等各个行业。由于 PLC 既可以进行开关量的逻辑控制，又可以进行模拟量控制，只需要配备相应的 I/O 模块和配套装置即可完成工业控制，因此有逐步取代专用计算机占领的控制领域的趋势。目前，PLC 的应用体现在以下六个方面：

1. 开关量的逻辑控制

这是 PLC 最基本、最广泛的应用领域，它取代传统的继电器电路，实现逻辑控制、顺序控制，既可用于单台设备的控制，也可用于多机群控及自动化流水线。如注塑机、印刷机、订书机、组合机床、磨床、包装生产线、电镀流水线等。

2. 模拟量控制

在工业生产过程当中，有许多连续变化的量，如温度、压力、流量、液位和速度等都是模拟量。为了使可编程控制器处理模拟量，必须实现模拟量（Analog）和数字量（Digital）之间的 A/D 及 D/A 转换。PLC 厂家都生产配套的 A/D 和 D/A 转换模块，使可编程控制器用于模拟量控制。

3. 运动控制

PLC 可以用于圆周运动或直线运动的控制。从控制机构配置来说，早期直接用于开关量 I/O 模块连接位置传感器和执行机构，现在一般使用专用的运动控制模块。如可驱动步进电动机或伺服电动机的单轴或多轴位置控制模块。世界上各主要 PLC 厂家的产品几乎都有运动控制功能，广泛用于各种机械、机床、机器人、电梯等场合。

4. 过程控制

过程控制是指对温度、压力、流量等模拟量的闭环控制。作为工业控制计算机，PLC 能编制各种各样的控制算法程序，完成闭环控制。PID 调节是一般闭环控制系统中用得较多的调节方法。大中型 PLC 都有 PID 模块，目前许多小型 PLC 也具有此功能模块。PID 处理一般是运行专用的 PID 子程序。过程控制在冶金、化工、热处理、锅炉控制等场合有非常广泛的应用。

5. 数据处理

现代 PLC 具有数学运算（含矩阵运算、函数运算、逻辑运算）、数据传送、数据转换、排序、查表、位操作等功能，可以完成数据的采集、分析及处理。这些数据可以与存储在存储器中的参考值比较，完成一定的控制操作，也可以利用通信功能传送到其他智能装置，或将它们打印制表。数据处理一般用于大型控制系统，如无人控制的柔性制造系统；也可用于过程控制系统，如造纸、冶金、食品工业中的一些大型控制系统。

6. 通信及联网

PLC 通信包括 PLC 间的通信及 PLC 与其他智能设备间的通信。随着计算机控制技术的发展，企业自动化网络发展得很快，各 PLC 厂商都十分重视 PLC 的通信功能，纷纷推出各自的网络系统。新近生产的 PLC 都具有通信接口，通信非常方便。

课后练习

（1）可编程控制器分为哪几类？
（2）简述可编程控制器的特点。
（3）说明 FX2N–32MRD 的含义。
（4）在对 PLC 型号进行选择时，应考虑哪些因素？
（5）简述 PLC 的应用范围。

技能训练二　抢答器控制 PLC 型号选择及外部控制接线

能力目标

（1）了解四人抢答器控制要求；
（2）熟练掌握 PLC 与负载线路的连接方法；
（3）具备根据实际控制要求选择 PLC 型号的独立分析、解决问题的能力；
（4）培养团队合作精神。

使用器材

使用器材如表 1–7 所示。

表 1-7 使用器材

序　号	名　　称	型号与规格	数　量	备　注
1	可编程控制器实训装置	THPFSL-1/2	1 台	
2	抢答器实训挂箱	A10	不定	
3	实训导线	3 号	若干	
4	SC-09 通信电缆		1 台	三菱
5	计算机		1 台	自备

控制要求

（1）系统接通后，主控人员在总控制台上按"开始"按键后，允许各队人员开始抢答，即各队"抢答"按键有效；

（2）抢答过程中，1~4 队中的任何一队抢先按下各自的"抢答"按键（S1、S2、S3、S4）后，该队指示灯（L1、L2、L3、L4）点亮，LED 数码显示系统显示当前的队号，且其他队的人员继续抢答无效；

（3）主控人员对抢答状态确认后，按"复位"按键后，系统又继续允许各队人员开始抢答，直至又有一队抢先按下各自的"抢答"按键。

操作步骤

（1）分组讨论四人抢答器控制要求，合理分配 I/O 端口。

（2）设计外部控制接线图。

（3）PLC 型号选择：PLC 型号的选择应主要考虑 I/O 点数、存储容量、输出电路类型和结构形式等几个方面。

（4）PLC 与负载线路的接线：

① 按照设计的外部控制接线图正确接线，注意输出公共端与 GND 的连接；

② 记录操作情况，完成实验报告。

操作总结

（1）填写抢答器控制 I/O 端口分配，如表 1-8 所示。

表 1-8 抢答器控制 I/O 端口分配

序　　号	PLC 地址（PLC 端子）	电气符号（面板端子）	功　能　说　明
1			
2			
3			
4			
5			
6			
7			
8			

序　号	PLC 地址（PLC 端子）	电气符号（面板端子）	功　能　说　明
9			
10			
11			
12			
13			
14			
15	主机 COM0、COM1、COM2 等接电源 GND		电源端

（2）画外部控制接线图。

（3）详细阐述抢答器控制的 PLC 型号选择。

（4）总结实验中 PLC 外围直流控制及负载线路的连接情况。

课后回顾

可编程控制器将计算机控制技术与继电器控制技术有机地结合在一起，具有可靠性高、抗干扰能力强，编程简单，使用维护方便，体积小，质量小，能耗低，控制系统设计、安装和调试周期短等特点，被广泛应用在开关逻辑控制、顺序控制、机械加工的数字控制、过程控制、机器人或机械手控制及组成多级控制系统，实现工厂自动化网络。

PLC 的种类繁多，按结构形式可分为整体式和模块式；按功能可分为低档、中档和高档；按 I/O 点数可以分为超小型、小型、中型和大型。在实现自动化生产过程中，需要根据不同的控制要求，选择不同的机型，使性能价格比最高。PLC 机型的选择应从输入/输出点、存储容量、I/O 响应时间、输出电路、离线和在线编程、是否联网通信、PLC 结构形式等几个方面。综合考虑合理选用 PLC，对于提高 PLC 控制系列的技术经济指标有着重要意义。

第三节　GX Developer 编程软件使用入门

学习目标

（1）了解 GX Developer 编程软件的安装过程；

（2）掌握 GX Developer 编程软件的基本操作。

GX Developer 编程软件是应用于三菱系列 PLC 的中文编程软件，可在 Windows 操作系统中运行。它的功能十分强大，集成了项目管理、程序键入、编译链接、模拟仿真和程序调试等功能。其主要功能如下：

（1）在 GX Developer 编程软件中，可通过线路符号、列表语言及 SPF 符号来创建 PLC 程序，建立注释数据及设置寄存器数据。

（2）创建 PLC 程序以及将其存储为文件，用打印机打印。

（3）程序可在串行系统中与 PLC 进行通信、文件传送、操作监控以及各种功能测试。

（4）程序可脱离 PLC 进行仿真调试。

GX Developer 编程软件对计算机硬件的要求：机型为 IBM PC/AT 兼容；内存 256 MB 以上 RAM 扩充内存；硬盘必须为 8 MB 或更高（推荐 16 MB 以上）；显示器分辨率为 800×600 像素，16 色或更高。接口单元采用 FX-232AWC 型 RS-432/RS-422 转换器（便携式）或 FX-232AW 型 RS-232-C/RS-422 转换器（内置式），以及其他指定的转换器。

一、GX Developer 编程软件通用环境的安装

在 GX Developer 编程软件的安装之前，首先应该安装通用环境。

（1）打开三菱 PLC 编程软件中的 GX Developer 文件夹，双击 EnvMEL 文件夹，再双击 SETUP 图标进行安装，如图 1-19 所示。

图 1-19　GX Developer 文件夹

（2）连续单击"下一个"按钮，弹出"信息"对话框，如图 1-20 所示。

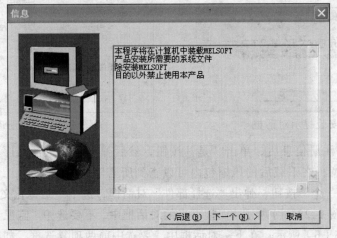

图 1-20　"信息"对话框

（3）单击"下一个"按钮，设置程序已在你的计算机上安装完成，如图 1-21 所示。然后单击"结束"按钮，完成设置，即通用环境安装完毕。

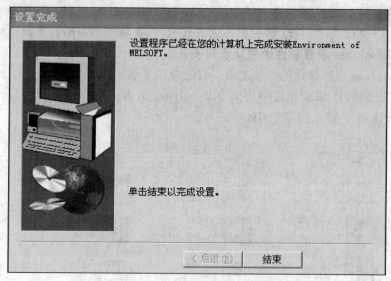

图 1-21　设置程序对话框

二、GX Developer 编程软件的安装

（1）双击 GX Developer 文件夹中的 SETUP 图标，这时要特别注意安装提示对话框，如图 1-22 所示。单击"确定"按钮。因为包括杀毒软件、防火墙、IE 及办公软件在内的这些软件都有可能调用系统的其他文件，影响安装的正常进行，因此，最好关掉其他应用程序。

（2）将设置程序 Swnd5-GPPW 安装到计算机后，连续单击"下一个"按钮，弹出"注册确认"对话框，如图 1-23 所示。

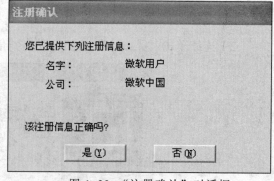

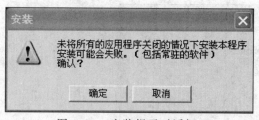

图 1-22　安装提示对话框

图 1-23　"注册确认"对话框

（3）输入各种注册信息后，单击"是"按钮，然后弹出"输入产品序列号"对话框，如图 1-24 所示。注意，在下载后的压缩包内可以查到所需序列号。

（4）单击"下一个"按钮，弹出"选择部件"对话框，选中"结构化文本（ST）语言编程功能"复选框，如图 1-25（a）所示。而接下来的对话框中，不要选中"监视专用 GX Developer"复选框，如图 1-25（b）所示；在下一对话框中，要选中前两项复选框，如图 1-25（c）所示。

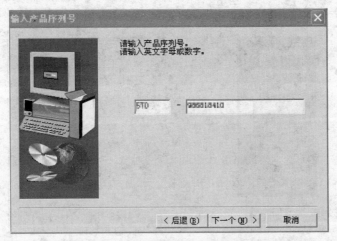

图 1-24 "输入产品序列号"对话框

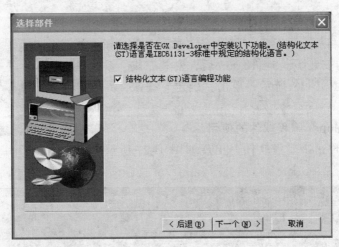

(a)

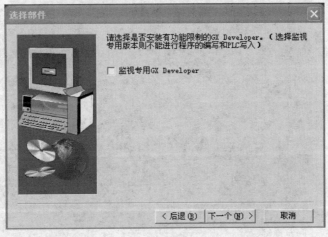

(b)

图 1-25 "选择部件"对话框

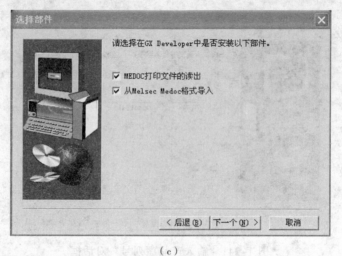

（c）

图 1-25 "选择部件"对话框（续）

（5）选择安装目标位置后，连续单击"下一个"按钮，就开始 GX Developer 的安装了。5～10 min 后，安装完成，系统弹出"信息"窗口，如图 1-26 所示，单击"确定"按钮，并重启计算机。

图 1-26 "信息"窗口

三、GX Developer 编程软件的使用

打开 GX Developer 编程软件，出现如图 1-27 所示的操作界面。

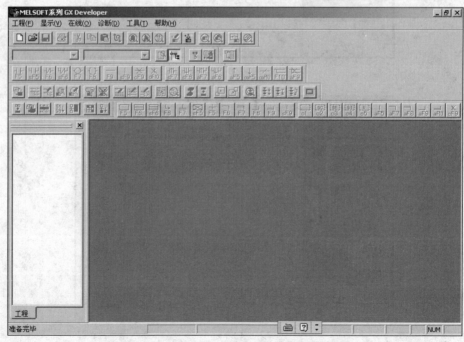

图 1-27 GX Developer 编程软件初始界面

1."工程"菜单（见图 1-28）

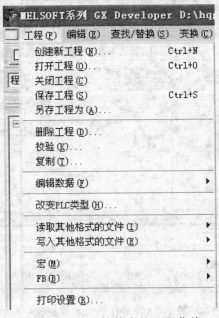

图 1-28 编程软件中的工程菜单

（1）创建新工程，可以对 PLC 系列、类型和程序类型进行选择，如图 1-29 所示。

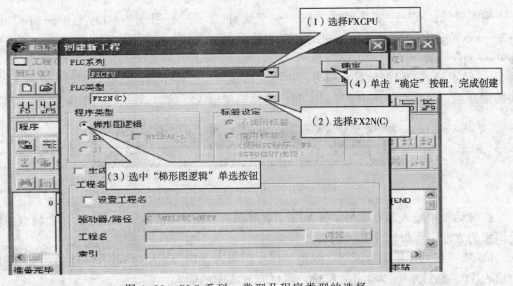

图 1-29 PLC 系列、类型及程序类型的选择

单击"确定"按钮后，就可以开始新程序的编辑。程序的编辑方法如下：

① 打开 GX Developer 编程软件，创建新工程，进入程序编程界面，如图 1-30 所示。

② 梯形图输入：梯形图的输入可利用工具条中的快捷键（见图 1-31）输入，也可直接使用键盘上的【F5】、【Shift+F5】、【F6】、【Shift+F6】、【F7】、【F8】、【F9】、【Shift+F9】、【Ctrl+F9】、【F10】等进行输入。

第一章 PLC 基础知识

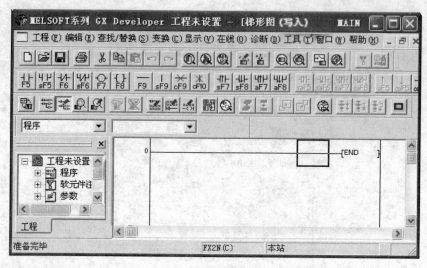

图 1-30　程序编程界面

图 1-31　工具条中的快捷键

工具条中，F5——输入常开触点；F6——输入常闭触点；　sF5——输入并联常开触点；sF6——输入并联常闭触点；F7——输入线圈；F8——输入功能指令；F9——输入直线；sF9——输入竖线；cF9——横线删除；cF10——竖线删除；sF7——上升沿脉冲；sF8——下降沿脉冲；aF7——并联上升沿脉冲；aF8——并联下降沿脉冲；caF10——运算结果取反；F10——画线输入；aF9——画线删除。

　　a. 触点输入：根据触点在梯形图中的逻辑位置，选择不同的按键。例如，要输入一个串联的常开触点，首先要单击 按钮，弹出"梯形图输入"的对话框，如图 1-32 所示。

图 1-32　"梯形图输入"对话框

　　在对话框中输入触点编号（如 X1），然后单击"确定"按钮，即可完成一个触点的输入。用同样的方法，可以输入其他的常开、常闭触点。

　　b. 线圈输入：单击 按钮，弹出"梯形图输入"的对话框，如图 1-33 所示。在对话框中输入 Y0，然后单击"确定"按钮，即可完成线圈的输入。

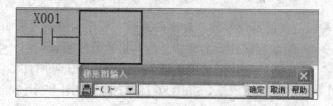

图 1-33　"梯形图输入"对话框

在触点和线圈的输入过程中,若存在输入错误,会弹出图1-34所示的对话框。

图1-34　输入错误提示

编辑好的程序会带有灰色底纹，如图1-35所示。

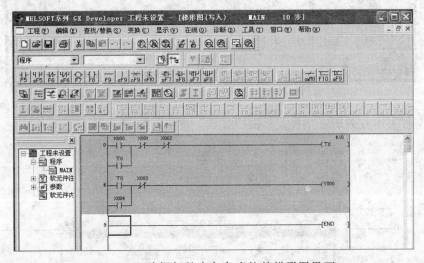

图1-35　编辑好的有灰色底纹的梯形图界面

③ 梯形图编辑修改：

a. 触点的修改、添加和删除：

● 触点的修改：把光标移到欲修改的触点上，直接输入新的触点，按【Enter】键即可；也可以把光标移到欲修改的触点上双击，弹出输入对话框后，输入新的触点，然后单击"确定"按钮。

● 触点的添加：把光标移到欲添加触点处，直接输入新的触点，按【Enter】键即可。

● 触点的删除：把光标移到欲删除的触点上，按【Delete】键，即可删除触点；然后单击直线，按【Enter】键，用直线覆盖原来的触点。

b. 行插入和行删除：

● 行插入：将光标移到要插入行的地方，单击"编辑"菜单，选择"行插入"命令，则在光标处出同一个空行，就可以输入一行程序。

● 行删除：将光标移到要删除行的地方，单击"编辑"菜单，选择"行删除"命令，就删除了一行程序；注意，"END"是不能删除的。

（2）打开工程，可以打开保存在计算机硬盘中的任意控制程序

① 打开编程软件，单击"工程"菜单，选择"打开工程"命令。

② 进入编辑界面，如图1-36所示。

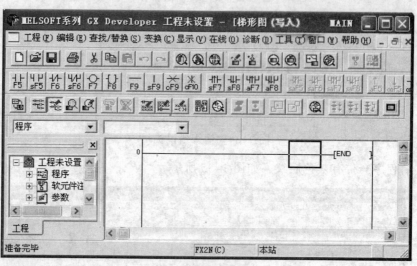

图 1-36 编辑界面

③ 在文件夹中找到所选工程，单击"打开"按钮，如图 1-37 所示。

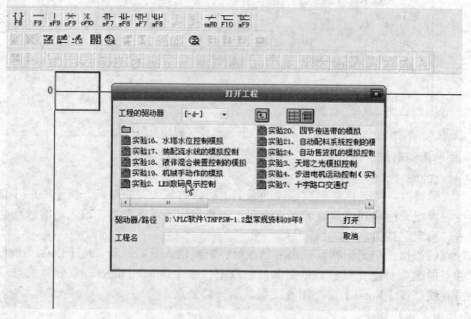

图 1-37 打开选定工程界面

④ 出现对话框，单击"否"按钮（见图 1-38）；文件调出后，单击"显示"菜单，选择"工程数据列表"命令如图 1-39 所示，页面左侧即可显示实验相关信息。

（3）读取其他格式的文件选项，可以将 FXGP_WIN-C 编写的程序转换为 GX 编写的程序。

（4）写入其他格式的文件选项，可以将 GX 编写的程序转换为 FXGP_WIN-C 编写的程序。

图 1-38

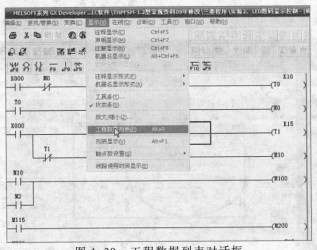

图 1-39 工程数据列表对话框

2. "在线" 菜单（见图 1-40）

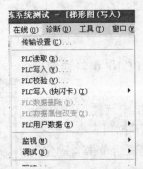

图 1-40 编程软件中的在线菜单

（1）传输设置：

① 单击 "在线" 菜单，选择 "传输设置" 命令，弹出 "传输设置" 对话框，如图 1-41 所示。

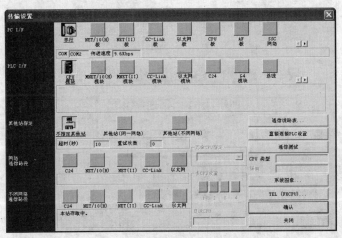

图 1-41 传输设置对话框

可以对计算机与 PLC 通信的参数进行修改，如图 1-42 所示。

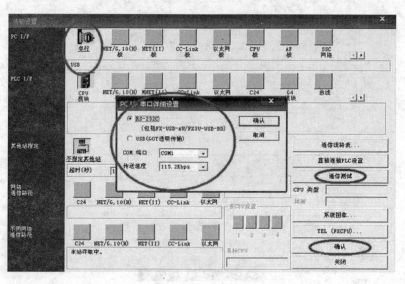

图 1-42   通信参数修改

② 双击"串行"图标，弹出"PC I/F 串口详细设置"对话框，如图 1-43 所示。

③ 在"COM 端口"下拉列表框中选择 SC-09 电缆连接的串口号。在"传送速度"下拉列表框中选择 9.6 Kbps（即 9.6 × 1 000 bit/s）。完成后单击"确定"按钮保存设置。

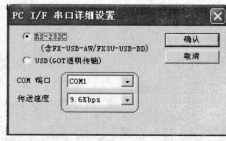

图 1-43   "PC I/F 串口详细设置"对话框

④ 在"传输设置"对话框中单击"通信测试"按钮，PC 与 PLC 通信测试成功时，弹出通信正常对话框，如图 1-44 所示；否则弹出错误对话框，如图 1-45 所示。

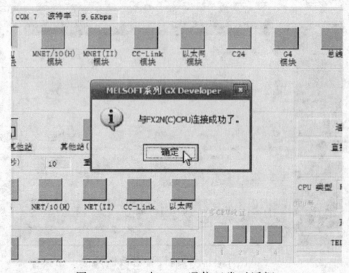

图 1-44   PC 与 PLC 通信正常对话框

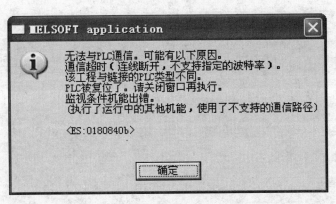

图 1-45　PC 与 PLC 无法正常通信对话框

（2）PLC 读取。PLC 在 STOP 模式下，选择在线菜单中的"PLC 读取"选项，即可将 PLC 中的程序发送到计算机中。

（3）PLC 写入。单击"在线"菜单，选择"PLC 写入"命令，在"程序"选项卡中选择"MAIN"，如图 1-46 所示。

填写程序的正确起始步后，单击"执行"按钮，弹出图 1-47 所示对话框，单击"是"按钮，即完成计算机中程序写入到 PLC 中。

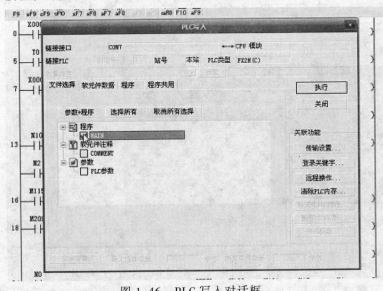

图 1-46　PLC 写入对话框

图 1-47　提示对话框

（4）PLC 用户数据。实现对不同的文件进行操作。

（5）运行。单击"在线"菜单，选择"远程操作"命令，将 PLC 设置为 RUN 模式，如图 1-48 所示。然后单击"执行"按钮，程序即可运行。

（6）监视。实现对 PLC 运行状态的实时监视。程序运行后，可以通过单击"在线"菜单，选择"监视"命令，如图 1-49 所示，或按【F3】，对 PLC 进行运行监控。按照控制要求，给出输入信号，观察运行结果。

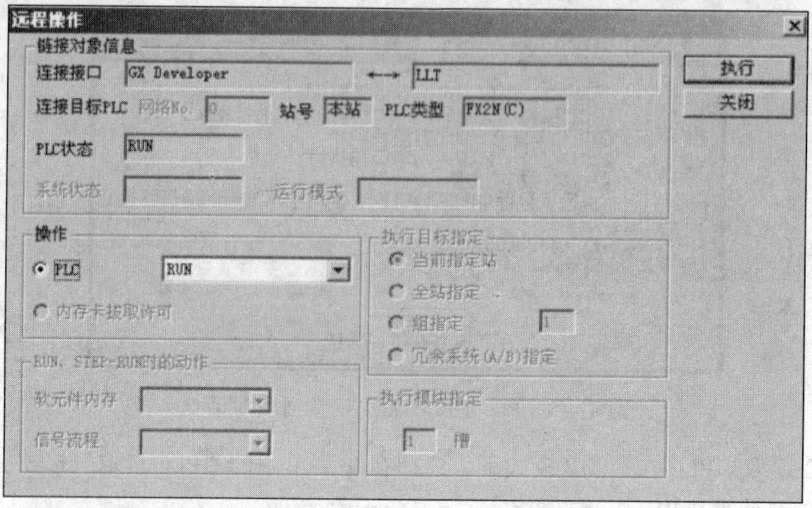

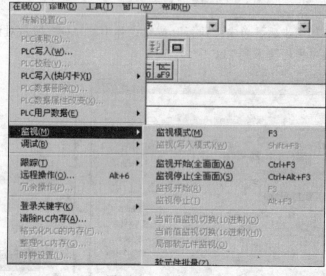

图 1-48 程序的运行

图 1-49 程序的监视

（7）调试。实现对 PLC 的软元件测试，强制输入/输出和程序执行模式变化等操作。当运行结果与控制要求不符时，应该先在"远程操作"对话框中，将 PLC 设置为 STOP 模式，然后单击"编辑"菜单，选择"写模式"命令，修改错误的程序，重新对程序进行运行调试，直到程序正确为止。

若 PLC 停止运行，ERROR 指示灯亮，在对程序进行修改前，应首先单击"在线"菜单，选择"清除 PLC 内存"命令，如图 1-50 所示，清除 PLC 内部的错误程序后，再重新对程序进行修改。

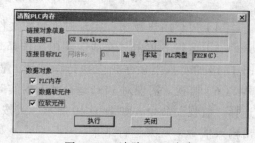

图 1-50 清除 PLC 内存

3. "变换"菜单

单击工具条按钮 ，或单击"变换"菜单，选择"变换"命令按【F4】进行转换（见图1-51）。

图1-51 变换菜单

程序刚编辑完成后，对应的程序段为灰色底纹，经过变换操作后，程序段的底纹变成白色，如图1-52所示，然后单击工具条上的"工程保存"按钮保存程序，或单击"工程"菜单，选择"保存工程"命令和"另存工程为"命令保存程序。

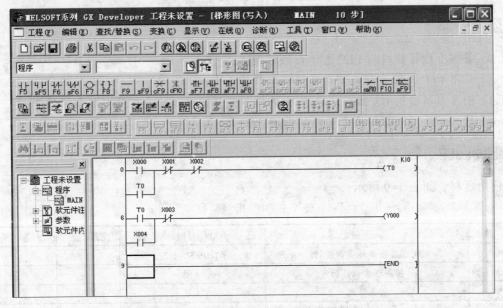

图1-52 变换成白色底纹的梯形图界面

4. 诊断菜单

单击"诊断"菜单，选择"PLC诊断"命令就可以进行程序检查，如图1-53所示。

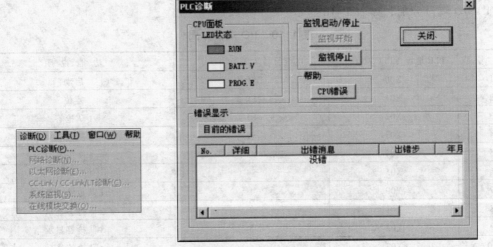

图1-53 PLC诊断

课后练习

（1）GX Developer 编程软件具有哪些主要功能？

（2）简述 GX Developer 编程软件的安装过程。

（3）熟悉 GX Developer 编程软件的使用。

技能训练三　PLC 与上位计算机的连接

能力目标

（1）掌握上位计算机与 PLC 通信参数的设置；

（2）具备 PLC 与抢答器控制系统硬件接线的能力；

（3）初步具备应用 GX Developer 编程软件下载及调试运行抢答器控制系统的能力；

（4）培养学生主动参与技能实践的学习意识。

使用器材

使用器材，如表 1-9 所示。

表 1-9　使 用 器 材

序　号	名　　称	型号与规格	数　量	备　注
1	可编程控制器实训装置	THPFSL-1/2	1	
2	抢答器实训挂箱	A10		
3	实训导线	3 号	若干	
4	SC-09 通信电缆		1	三菱
5	计算机		1	自备

端口分配及接线图

（1）I/O 端口分配，如表 1-10 所示。

表 1-10　I/O 端口分配

序　号	PLC 地址（PLC 端子）	电气符号（面板端子）	功 能 说 明
1	X00	SD	启动
2	X01	SR	复位
3	X02	S1	1 队抢答
4	X03	S2	2 队抢答
5	X04	S3	3 队抢答
6	X05	S4	4 队抢答
7	Y00	1	1 队抢答显示
8	Y01	2	2 队抢答显示
9	Y02	3	3 队抢答显示
10	Y03	4	4 队抢答显示
11	Y04	A	数码控制端子 A

序　号	PLC 地址（PLC 端子）	电气符号（面板端子）	功　能　说　明
12	Y05	B	数码控制端子 B
13	Y06	C	数码控制端子 C
14	Y07	D	数码控制端子 D
15	主机 COM0、COM1、COM2 等接电源 GND		电源端

（2）控制接线图，如图 1-54 所示。

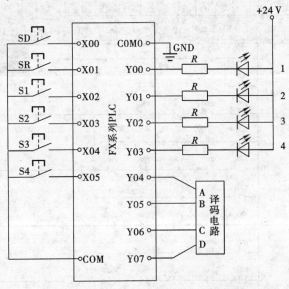

图 1-54　抢答器控制系统外部接线图

操作步骤

（1）连接上位计算机与 PLC，如图 1-55 所示。

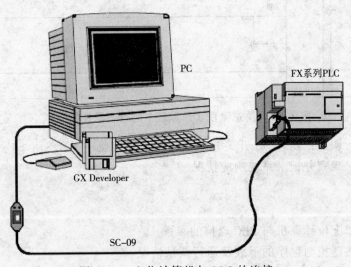

图 1-55　上位计算机与 PLC 的连接

（2）PLC 与负载线路的接线：根据抢答器控制系统外部接线图正确接线。

（3）通信设置：单击"在线"菜单，选择"传输设置"命令，对"串行 USB"进行串口详细设置，使"COM 端口"设置为 COM1，"传送速度"设置为 9.6 kbps，其他保持默认值。

（4）程序下载：打开预先保存在计算机中的抢答器控制程序，如图 1-56 所示，单击"在线"菜单，选择"PLC 写入"命令，将程序下载到 PLC 中，并将模式选择开关拨至 RUN 状态。

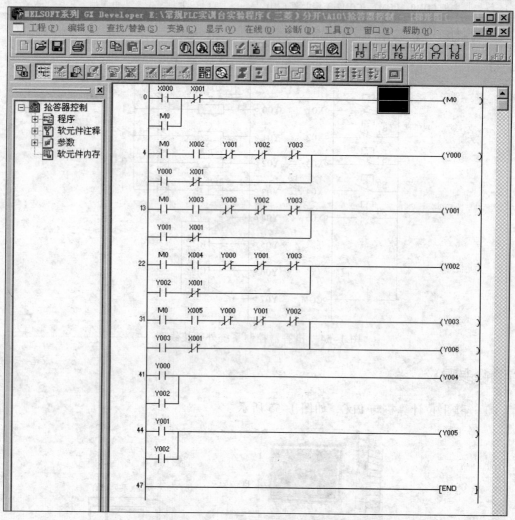

图 1-56　预先保存在计算机中的抢答器控制程序

（5）程序运行调试：闭合 SD 开关，允许 4 队抢答；顺序闭合 S1～S4 及 SR 按钮，模拟四个队进行抢答，观察并记录系统响应情况。

操作总结

（1）详细说明上位计算机与 PLC 通信的参数。

（2）总结抢答器控制程序的下载及运行调试情况。

（3）记录 PLC 与外围设备的接线过程及注意事项。

GX Developer 是三菱公司所开发的编程软件中通用性较强的一款，它能够完成 Q 系列、QnA 系列、A 系列（包括运动控制 CPU）以及 FX 系列可编程控制器梯形图、指令表、SFC 等的编辑工作。GX Developer 的基本使用方法与一般基于 Windows 操作系统的软件类似，用户只需短期培训，就可以将其熟练应用于实践工作生产中，较好地实现 PLC 与计算机的结合。

测　试

一、填空题

（1）（　　）年，世界上第一台可编程控制器诞生。

（2）可编程控制器主要由（　　）、（　　）、（　　）、（　　）和（　　）五部分组成。

（3）可编程控制器的工作原理是（　　）。

（4）可编程控制器的扫描工作过程可分为（　　）、（　　）和（　　）三个阶段。

（5）可编程控制器发展的总趋势是（　　）、（　　）和（　　）。

（6）可编程控制器输出电路有（　　）、（　　）和（　　）三种类型。

二、选择题

（1）在 PLC 的硬件组成中，（　　）具有协调和指挥整个系统工作的作用。

    A. 中央处理单元　　　B. 存储器　　　　C. 输入/输出模块　　　D. 扩展单元

（2）PLC 控制系统用来替代的是传统继电器控制系统的逻辑控制部分，（　　）不是 PLC 逻辑控制的基本组成部分。

    A. 输入部分　　　　　B. 逻辑控制部分　C. 输出部分　　　　　D. 扩展模块

（3）可编程控制器在工作状态下的温度环境温度范围是（　　）。

    A. 0℃以下　　　　　B. 0~55℃　　　　C. 55~70℃　　　　　D. 100℃以上

（4）FX2N-64MR 型可编程控制器的 I/O 点数是（　　）。

    A. 2　　　　　　　　B. 32　　　　　　C. 64　　　　　　　　D. 128

（5）在进行 PLC 安装接线时，接地电阻应小于（　　）Ω。

    A. 50　　　　　　　　B. 75　　　　　　C. 100　　　　　　　D. 150

（6）在 PLC 对单元类别进行命名时，（　　）表示的是输入/输出混合扩展单元及扩展模块。

    A. M　　　　　　　　B. E　　　　　　C. EX　　　　　　　D. EY

（7）衡量 PLC 规模大小的重要指标是（　　）。

    A. 存储容量　　　　　　　　　　　B. 输入／输出点

    C. I/O 响应时间　　　　　　　　　D. 输出负载的特点

（8）在进行 PLC 安装接线时，输入接线以不超过（　　）m 为宜。

    A. 20　　　　　　　　B. 30　　　　　　C. 40　　　　　　　D. 50

三、判断题

（1）可编程控制器 CPU 的工作电压是 10 V。　　　　　　　　　　　　　　　（　　）

（2）PLC 的内部存储器有两类，一类是系统程序存储器 ROM，另一类是用户程序及数据存储器 RAM。　　　　　　　　　　　　　　　　　　　　　　　　　　　（　　）

（3）在 PLC 的安装过程中，基本单元和扩展单元之间要有 20 mm 以上的间隔。

　　　　　　　　　　　　　　　　　　　　　　　　　　　　　　　　（　　）

（4）小型 PLC 的 I/O 点数为 256～2 048 点之间。　　　　　　　　　（　　）

（5）PLC 可以用于圆周运动或直线运动的控制。　　　　　　　　　　（　　）

（6）GX Developer 编程软件安装时，要求计算机硬盘必须为 8 MB 或更高（推荐 16 MB 以上）。

　　　　　　　　　　　　　　　　　　　　　　　　　　　　　　　　（　　）

（7）在 GX Developer 软件的安装之前，首先应该安装通用环境。　（　　）

（8）在 PLC 安装时，输入端和输出端要采用同一种电源。　　　　　（　　）

四、简答题

（1）简述 PLC 的组成及各组成部分的作用。

（2）PLC 有哪几种分类方式？

（3）简述 PLC 的特点。

（4）PLC 的工作过程分为几个阶段？各自作用是什么？

五、设计题

图 1-57 是三相异步电动机 Y-△ 启动控制电路，试画出 PLC 的外部接线图。

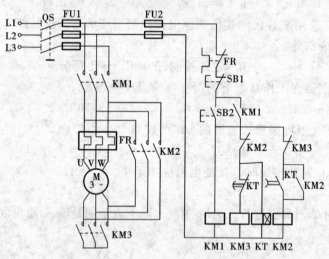

图　1-57

第二章

梯形图与指令表

PLC 是结合继电器控制技术和计算机控制技术开发、研制的，专为工业自动化控制服务的一种控制装置，它的控制功能是由程序来实现的。与计算机的编程语言不同，它采用一系列面向生产一线的电气技术人员和面向生产控制过程的编程语言来编写程序，极大地满足了实际生产的控制需求。目前，PLC 常见的编程语言有梯形图语言、指令表（助记符）语言、功能图语言、高级语言和逻辑方程式（或布尔代数式）等。

本章着重介绍梯形图编程语言及 FX2N 系列可编程控制器的内部资源和基本编程指令，并借助 GX Developer 编程软件的程序输入、模拟仿真和程序调试等功能，使学生在进一步熟悉 GX Developer 软件的使用方法的同时，理解 FX2N 系列 PLC 的内部资源的分类及工作原理，学会梯形图的程序设计原则及方法，熟练掌握 FX2N 系列可编程控制器的基本编程指令及编程方法，为 PLC 的程序设计奠定基础。

第一节　梯形图的设计原则

学习目标

（1）了解梯形图的组成；

（2）理解梯形图的程序设计原则；

（3）掌握修改梯形图程序语法错误的方法；

（4）学会运用 GX Developer 编程软件绘制梯形图。

梯形图语言（LAD, Ladder Logic Programming Language）是在 PLC 应用程序设计过程中，使用得最多的一种图形编程语言，被称为 PLC 的第一编程语言。梯形图与继电器控制系统的电路图很相似，具有直观易懂的优点。梯形图也被称为电路或程序，因此，把梯形图的设计称为编程。

一、梯形的组成

梯形图的结构组成如图 2-1 所示。

1. 母线

梯形图两侧的垂直公共线称为母线(bus bar)。在分析梯形图的逻辑关系时，为了借用继电器电路图的分析方法，常常把梯形图左右两侧的母线（左母线和右母线）等效为电源的正极和负极，假想在左右母线之间有"概念电流"从左向右"流动"，当线路上的触点全部闭合时，输出线路接通。在编程过程中，右母线可以省略不画。

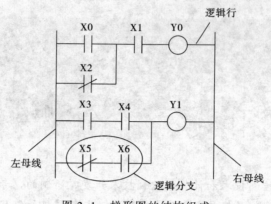

图 2-1　梯形图的结构组成

2. 逻辑行

在梯形图语言中，连接在左、右母线之间的，以触点开始，线圈结束的线路，称为逻辑行。

3. 逻辑分支

在同一逻辑行上，由两个或两个以上的触点所构成的独立逻辑单元，称为逻辑分支，又称逻辑块。

4. 梯形图的逻辑解算

根据梯形图中各触点的状态和逻辑关系，可以求出图中各编程元件线圈的状态，这种运算方法称为梯形图的逻辑解算。它是按从左到右、从上到下的顺序进行的。在 PLC 的扫描过程中，解算的结果可以直接被后面的逻辑解算所利用。

二、梯形图的设计原则

1. 自上而下、从左向右

这是梯形图程序的书写顺序，也是把梯形图改写成指令表语言时的编写顺序。

2. 左沉右轻、上沉下轻

在同一逻辑行上，往往存在着不同逻辑分支的串、并联连接。这里所说的"沉"和"轻"是相对而言的，当两个或两个以上的逻辑分支串联连接时，应将所含触点数量较多的分支画在梯形图的左侧；当两个或两个以上的逻辑分支并联连接时，应将所含触点数量较多的分支画在梯形图的上方，如图 2-2 所示。其根本目的是为了减少指令的扫描时间，它对大型程序是非常必要的。

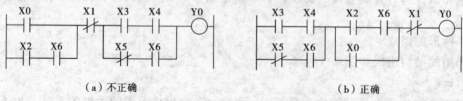

图 2-2　左沉右轻、上沉下轻

3. 线圈不能与左母线直接相连

梯形图的每一个逻辑行都应该通过触点始于左母线，利用线圈止于右母线。当需要直接对元件做输出控制时，可以利用特殊辅助继电器的触点保持逻辑行的完整，如图 2-3 所示。

（a）不正确　　　　　　　（b）正确

图 2-3　线圈不能与左母线直接相连

4. 同一梯形图中，同一编号的触点可以无限次使用

区分于传统的继电器控制系统，PLC 各编程元件均有无数对常开触点和常闭触点，这些触点在编程过程中可以无限次使用，以满足不同的控制需求。

5. 同一梯形图中，同一编号的线圈只能使用一次

若同一元件的线圈在同一梯形图中出现两次或两次以上，根据 PLC 的扫描特性，只有最后一次的线圈才有效，而前面的线圈是无效的。

6. 连续串、并联触点的次数没有限制

7. 同一逻辑行控制的多个线圈，只允许并联输出（见图 2-4 所示）

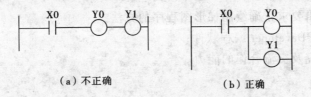

（a）不正确　　　　　　　（b）正确

图 2-4　多个线圈只允许并联输出

8. 触点不能放在垂线上（见图 2-5）

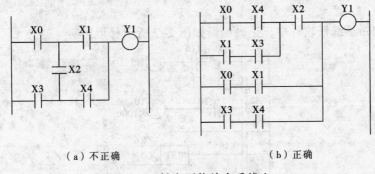

（a）不正确　　　　　　　（b）正确

图 2-5　触点不能放在垂线上

🤚课后练习

（1）PLC 梯形图程序的设计原则是什么？

（2）指出如图 2-6 所示梯形图程序的错误，并改正。

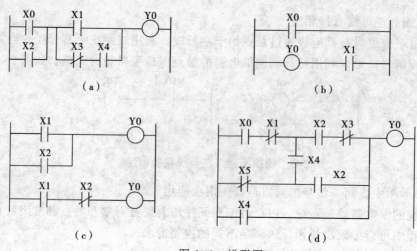

（a）

（b）

（c）

（d）

图 2-6　梯形图

技能训练一　利用 GX Developer 编程软件编辑梯形图程序

能力目标

（1）掌握根据编辑要求正确绘制梯形图程序的方法；

（2）熟练应用 GX Developer 编程软件；

（3）培养自主探究及交流合作的能力。

使用器材

计算机。

编辑要求

在 GX Developer 编程软件中，正确编辑如图 2-7 所示梯形图。

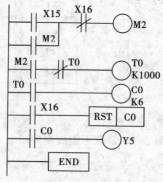

图 2-7　梯形图

操作步骤

（1）打开 GX Developer 编程软件，创建新工程，进入程序编辑界面，如图 2-8 所示。

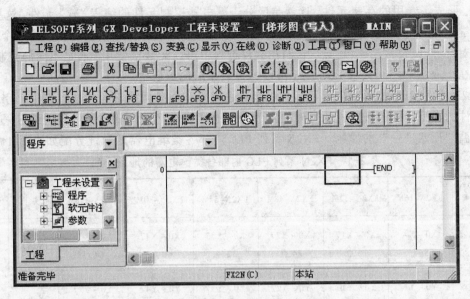

图 2-8　编程界面

（2）在 GX Developer 编程软件中，根据编辑要求进行梯形图程序的输入、编辑。

（3）将输入正确的梯形图程序变换为可执行工程。

（4）保存梯形图程序，并将其转化为指令表语言。

操作总结

（1）组内同学分享在 GX Developer 编程软件中编辑梯形图程序的体会。

（2）打印编辑的梯形图程序。

（3）总结将编辑好的梯形图程序转化为指令表的操作方法。

课后回顾

　　梯形图语言是 PLC 进行应用程序设计的最常用的编程语言。掌握了梯形图结构特点及设计原则，就可以根据被控对象的控制要求正确设计梯形图程序。利用 GX Developer 编程软件能够完成对梯形图的输入及编辑，实现 PLC 与计算机的完美结合。

第二节　FX2N 系列 PLC 的内部资源

学习目标

（1）了解 FX2N 系列 PLC 的内部资源的分类；

（2）理解 FX2N 系列 PLC 内部各继电器的作用；

（3）掌握定时器和计数器的工作原理。

　　PLC 的硬件系统中，与 PLC 的编程应用关系最直接的是数据存储区。和计算机一样，为了方便使用，PLC 也对数据存储器做了分区，并为不同的存储器分配了地址，赋予它们不同的功能，形成了专用的存储元件，这就是区分于继电器控制元件的编程"软"元件。这些"软"元件像继电器一样具有线圈及触点，具有线圈得电，触点动作的控制特性，而且一个线圈带有无数对常开 ┤├ 及常闭 ┤/├ 触点，它们在编程过程中可以无数次使用，满足不同的控制需求，这也是在工业自动控制领域 PLC 优于继电器控制系统的原因之一。

FX2N 系列 PLC 梯形图中编程元件的名称由字母和数字两大部分构成，其中：字母部分表示元件的类型，数字部分表示元件的内部分配地址编号。输入/输出继电器的编号采用八进制，遵循"逢八进一"的原则。FX2N 系列 PLC 内部各类继电器的地址分配如表 2-1 所示。

表 2-1　FX2N 系列 PLC 内部各类继电器的地址分配

元件 \ 型号	FX2N-16M	FX2N-32M	FX2N-48M	FX2N-64M	FX2N-80M	FX2N-128M	扩展时	总点数
输入继电器（X）	X0 ~ X7 8 点	X0 ~ X17 16 点	X0 ~ X27 24 点	X0 ~ X37 32 点	X0 ~ X47 40 点	X0 ~ X77 64 点	X0 ~ X267 184 点	256 点
输出继电器（Y）	Y0 ~ Y7 8 点	Y0 ~ Y17 16 点	Y0 ~ Y27 24 点	Y0 ~ Y37 32 点	Y0 ~ Y47 40 点	Y0 ~ Y77 64 点	Y0 ~ Y267 184 点	
辅助继电器（M）	M0 ~ M499 500 点一般用		M500 ~ M1023 524 点保持用		M1024 ~ M3071 2038 点保持用		M8000 ~ M8255 256 特殊用	
状态继电器（S）	S0 ~ S499 500 点一般用		S500 ~ S899 400 点保持用			S900 ~ S999 100 点特殊用		
定时器 T	100 ms：T0 ~ T99　200 点 子程序用 T192 ~ T199		T200 ~ T245 46 点 10 ms 累积		T246 ~ T249 4 点 1 ms 累积		T250 ~ T255 6 点 100 ms 累积	
计数器 C	16 位增量计数器		32 位可逆计数器		32 位高速可逆计数器			
	C0 ~ C99 100 点 一般用	C100 ~ C199 100 点 保持用	C200 ~ C219 20 点 一般用	C220 ~ C234 15 点 保持用	C235 ~ C245 1 相 1 输入	C246 ~ C250 1 相 2 输入	C251 ~ C255 2 相输入	
数据寄存器 D、V、Z	D00 ~ D199 200 点一般用		D200 ~ D511 312 点保持用		D512 ~ D7999 7488 点保持用		D8000 ~ D8195 256 点特殊用	V7 ~ V0 Z7 ~ Z0 16 点变址用
嵌套指针	N0 ~ N7 8 点主控用		P0 ~ P127 128 点跳跃、子程序用、分支式指针		I00* ~ I50* 6 点 输入中断指针		I6* ~ I8* 3 点 定时器中断指针	I010 ~ I060 6 点 计数器中断指针
常数	K	16 位：-32768 ~ 32767				32 位：-2147483648 ~ 2147483647		
	H	16 位：0 ~ FFFFH				32 位：0 ~ FFFFFFFFH		

表中：*表示时间，可以为任意数字。

一、输入继电器（X）

输入继电器（见图 2-9）是 PLC 中用来接收外部元件发来的控制信号的内部虚拟继电器，又称输入的映像区。与输入端子连接的输入继电器是光电隔离的电子继电器，状态与 PLC 的输入状态相对应。输入继电器的状态不能在程序内部用指令驱动，只能用输入信号驱动，其触点也不能直接输出，驱动负载。

二、输出继电器（Y）

输出继电器（见图 2-10）是 PLC 中专门用来将运算结果信号经输出接口电路及输出端子传送给外部负载的虚拟继电器。每个输出继电器除了为内部控制电路提供编程用的常开、常闭触点外，还为输出电路提供一个常开、常闭触点与输出接线端相连，外部信号无法直接驱动输出继电器，只能在程序内部用指令驱动。

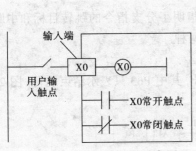

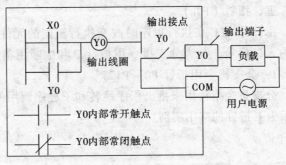

图 2-9　输入继电器示意图　　　　　　图 2-10　输出继电器示意图

三、辅助继电器（M）

PLC 内有很多辅助继电器，与输出继电器一样，只能由 PLC 内各软元件的触点驱动，而不能直接驱动外部负载，外部负载的驱动必须由输出继电器执行。在逻辑运算中经常需要一些中间继电器协助辅助运算。内部辅助继电器中有一类特殊辅助继电器，它们有各种特殊功能，如定时时钟、进/借位标志、启动/停止、单步运行、通信状态、出错标志等。FX2N 系列 PLC 的辅助继电器按照其功能分成以下三类：

1. 通用辅助继电器 M0 ~ M499（共 500 个点）

通用辅助继电器元件是按十进制进行编号的。

2. 断电保持辅助继电器 M500 ~ M1023（共 524 个点）

PLC 在运行中发生断电，输出继电器和通用辅助继电器全部成断开状态；重新运行时，保持断电前的状态。断电保持辅助继电器之所以具备这种功能，是由于 PLC 内装的后备电池在断电期间发挥作用。

3. 特殊辅助继电器 M8000 ~ M8255（共 256 个点）

特殊辅助继电器和通用辅助继电器一样，均为内部使用继电器，但每个特殊辅助继电器都具有各自特殊的功能。特殊辅助继电器通常分为两大类：

（1）只能利用其触点的特殊辅助继电器，其线圈由 PLC 自动驱动，如 M8000——进行运行监视，即 PLC 运行时 M8000 接通；M8002——仅在运行开始瞬间接通初始脉冲；M8011 ~ M8014——分别产生时间间隔为 10 ms、100 ms、1 s 和 1 min 的时钟脉冲。

（2）可驱动线圈型的特殊辅助继电器，用户驱动其线圈后，PLC 做特定的动作，如 M8033——在 PLC 停止时输出保持；M8034——禁止全部输出；M8039——定时扫描。

四、状态寄存器（S）

状态寄存器是 PLC 在顺序控制系统中实现控制的重要内部元件。它常与第三章中的步进顺控指令 STL 配合使用。当状态寄存器不用于步进指令时，可作为辅助继电器使用，有通用型和断电保持型两种。状态寄存器可分成五种类型：

初始状态寄存器：S0~S9（共 10 个点）；

回零（返回原点）状态寄存器：S10~S19（共 10 个点）；

通用状态寄存器：S20~S499（共 480 个点）；

保持状态寄存器：S500~S899（共 400 个点）；

报警状态寄存器：S900~S999（共 100 个点）。

五、指针（P/I）

指针是 PLC 在执行程序时改变执行流向的元件，它指明了分支指令的跳转目标和中断程序的入口标号，分为分支指令用指针 P 和中断用指针 I 两种。

1. 分支指令用指针 P0~P127

分支指令指针用来指出程序跳转和子程序调用的编号，其中 P63 只表示结束跳转。图 2-11 所示为 P 指针的应用实例。

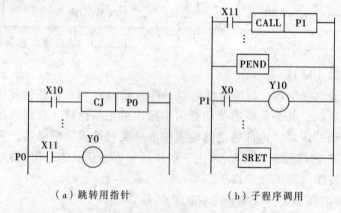

（a）跳转用指针　　　　（b）子程序调用

图 2-11　P 指针的应用实例

2. 中断用指针 I（I0□□~I8□□）

中断用指针常与应用指令 IRET（中断返回）、EI（开中断）和 DI（关中断）一起配合使用，它有三种不同的类型。

（1）输入中断用指针（I00□~I50□）。输入中断用指针能够及时处理外界信息，不会被 PLC 的扫描周期影响。其编号格式如图 2-12 所示。

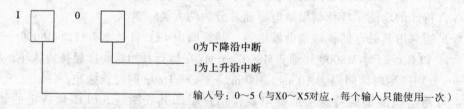

图 2-12　输入中断用指针编号格式

（2）定时器中断用指针（I6□□~I8□□）。定时器中断用指针是按 PLC 指定的周期定时执行中断服务程序和循环处理工作任务，也不会受 PLC 的扫描周期影响。其编号格式如图 2-13 所示。

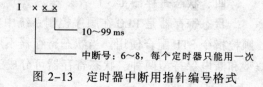

图 2-13　定时器中断用指针编号格式

（3）计数器中断用指针（I010～I060）。计数器中断用指针用于 PLC 内置的高速计数器，根据高速计数器的计数当前值与计数设定值的关系来确定是否执行中断服务程序。

六、定时器（T）

定时器在 PLC 中相当于继电器控制系统中的时间继电器，具有通电延时的作用。它由一个设定值寄存器、一个当前值寄存器以及无数个触点组成，对于同一个定时器，这三个量使用同一个名称。定时器可以用用户程序存储器内的常数 K 作为设定值，也可以用数据寄存器 D 的内容作为设定值。

FX2N 系列 PLC 定时器编号为 T0～T255（共 256 个），其中常规定时器 246 个，积算定时器 10 个，它们的定时范围如表 2-2 所示。

表 2-2　定时器的编号及定时范围

类　　型	编　　号	数　量/点	时　钟/ms	定时范围/s	备　　注
常规定时器	T0～T191	192	100	0.1～3 276.7	
	T192～T199	8	100	0.1～3 276.7	子程序中断服务程序专用定时器
	T200～T245	46	10	0.01～327.67	
积算定时器	T246～T249	4	1	0.001～32.767	
	T250～T255	6	100	0.1～3 276.7	

1. 常规定时器

常规定时器没有保持功能，在输入电路断开或停电时自动复位，编号范围见表 2-2。其工作原理如图 2-14 所示。T0 线圈接通时，它的当前值计数器对 100 ms 的时钟脉冲进行累积，当该值与设定值寄存器中的设定值 K300 相等时，定时器的输出触点开始动作（常开触点闭合，常闭触点断开）；直到线圈失电，触点和计数器当前值均恢复原状态。

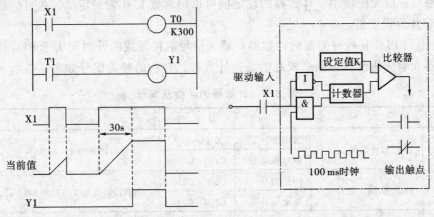

图 2-14　常规定时器的工作原理

2. 积算定时器

积算定时器又称累积定时器，具有断电保持功能，即在输入电路断开或停电时保持当前值，当输入再次接通时，在断电前计数值的基础上继续累计，编号范围见表 2-2。其工作原理如图 2-15 所示。T251 线圈接通时，它的当前值计数器开始累积 100 ms 的时钟脉冲的个数，当该值与设定值寄存器中的设定值 K200 相等时，其触点开始动作（常开触点闭合，常闭触点断开），在这个过程中若定时器线圈突然失电，则当前值可保持，直到线圈再次接通，计数在原有值的基础上继续进行；复位端接通，触点和计数器当前值均恢复原状态。

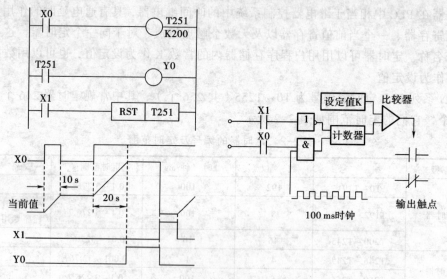

图 2-15　积算定时器的工作原理

七、计数器（C）

计数器是 PLC 重要的内部部件，具有计数的作用。它由一个设定值寄存器、一个当前值寄存器、复位端以及无数个触点组成，对于同一个定时器，这些组成部分使用同一个名称。当计数达到设定值时，计数器触点开始动作（常开触点闭合，常闭触点断开）。计数器的常开、常闭触点可以无限使用。计数器的设定值可以用常数 K 作为设定值，也可以用数据寄存器 D 的内容作为设定值。

FX2N 系列 PLC 有两种类型的计数器：输入信号的接通或断开时间大于 PLC 扫描周期的内部计数器和响应速度快、频率较高的高速计数器，它们的种类编号如表 2-3 所示。

表 2-3　计数器的种类及编号

种　　类		编　　号	备　　注
内部计数器	16 位加计数器　通用型	C0 ~ C99	计数设定值为 1 ~ 32 767
	16 位加计数器　断电保持型	C100 ~ C199	
	32 位加/减计数器　通用型	C200 ~ C219	计数设定值为 -2 147 483 648 ~ +2 147 483 647
	32 位加/减计数器　断电保持型	C220 ~ C234	
高速计数器	单相无启动/复位端子高速计数器	C235 ~ C240	用于高速计数器的输入端只有六点　X0 ~ X5，如果其中一个被占用，它就不能再用于其他高速计数器或者其他用途，因此只能有六个高速计数器同时工作
	单相带启动/复位端子高速计数器	C241 ~ C245	
	单相双计数输入高速计数器	C246 ~ C250	
	双相双计数输入高速计数器	C251 ~ C255	

1. 内部计数器

内部计数器是 PLC 在扫描操作时对其内部信号 X、Y、S、M、T 等进行计数的计数器。

（1）16 位加计数器。16 位加计数器是有 200 个点的递增型计数器，编号范围见表 2-3。它的工作原理如图 2-16 所示，其中有 RST 指令的输入端称为复位端，复位端接通，触点和计数器当前值均恢复原状态。当计数器的复位端断开时，C0 线圈每接通一次，计数器的当前值加"1"，当 7 个计数脉冲全部到来后，C0 的当前值与设定值相等，触点动作（常开触点闭合，常闭触点断开），此时即使再有计数脉冲到来，当前值也将保持不变，直到复位端接通。在 PLC 的指令系统中，RST 指令的优先级最高，因此，当复位端接通时，即使到来无数个计数脉冲，计数器的当前值都会保持原状态。

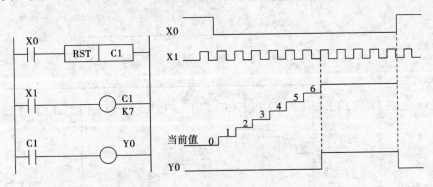

图 2-16　16 位加计数器的工作原理

（2）32 位加/减计数器。32 位加/减计数器既可以进行加计数操作又可以进行减计数操作，编号范围见表 2-3。它通过特殊辅助继电器 M8200 ~ M8234 来设定计数方式：特殊辅助继电器置为 ON 时，进行减计数操作；置为 OFF 时，进行加计数操作。若该计数器的计数值为间接设定时，要用元件号相连的两个数据寄存器，例如，指定的寄存器为 D1，则设定值存放在 D1 和 D2 中。32 位加/减计数器的工作原理如图 2-17 所示。

如图 2-17 所示时序，在 X1 输入断开，即复位端断开的前提下，X0 输入先处于断开状态，M8234 线圈失电，X2 每接通一次，计数器 C210 的当前值加"1"，当当前值大于或等于 5 时，计数器 C210 的触点动作（常开触点闭合，常闭触点断开）；而后 X0 转为接通状态，M8234 线圈得电，计数器 C210 进行减计数操作，只要当前值小于 5 时，计数器 C210 的触点恢复原状态。在复位端接通时，触点和计数器当前值均恢复原状态。

如果使用断电保持型计数器，在断电的过程中，计数器会保持计数当前值不变，直到电源再次接通，计数器在断电前的当前值的基础上继续计数。断电保持型计数器的当前值恢复为"0"状态。

2. 高速计数器

高速计数器均为 32 位加/减计数器，用于输入频率较高的计数操作。通过对其参数的设定，可以将具有断电保持功能的高速计数器转为非断电保持型，编号范围见表 2-3。FX2N系列 PLC 的高速计数器 PLC 输入端口为 X0 ~ X7，其中，X6、X7 只能用作启动信号而不能用于高速计数信号，X0 ~ X5 的每个输入端只能用作一个高速计数器的高速输入。由于它的运行独立于扫描周期，选定计数器的线图应以连续方式驱动，其他高速处理不能再用这个输入端子，因此，X0 ~ X5 不能重复使用。也就是说，最多可以允许六个不同类型的高速计速器同时工作，而且还要注意它们的输入不能共用。表 2-4 为高速计数器所对应的 PLC 输入端子。

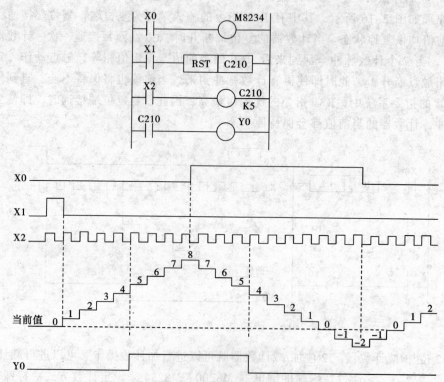

图 2-17　32 位加/减计数器的工作原理

表 2-4　高速计数器所对应的 PLC 输入端子

计数器		输入	X0	X1	X2	X3	X4	X5	X6	X7
单相单计数输入	无启动/复位	C235	U/D							
		C236		U/D						
		C237			U/D					
		C238				U/D				
		C239					U/D			
		C240						U/D		
	有启动/复位	C241	U/D	R						
		C242			U/D	R				
		C243			U/D	R				
		C244	U/D	R					S	
		C245			U/D	R				S
单相双计数输入		C246	U	D						
		C247	U	D	R					
		C248				U	D	R		
		C249	U	D	R				S	
		C250				U	D	R		S

计数器＼输入		X0	X1	X2	X3	X4	X5	X6	X7
双相双计数输入	C251	A	B						
	C252	A	B	R					
	C253				A	B	R		
	C254	A	B	R				S	
	C255				A	B	R		S

表中：U 为加计数输入；D 为减计数输入；A 为 A 相输入；B 为 B 相输入；R 为复位输入；S 为启动输入。

表 2-4 所列出的高速计数器的选择不是随意的，而要根据所需计数器的类型和高速输入端子。根据所对应的不同输入端子，高速计数器可分为三种：单相单计数输入高速计数器、单相双计数输入高速计数器和双相双计数输入高速计数器。

高速计数器的输入原理如图 2-18 所示。当 X10 动作时，C239 线圈得电，C240 线处于失电状态，由表 2-4 可知，C239 对应的计数器输入端应该是 X4，此时计数器的输入脉冲为 X4 的动作状态而非 X10；当 X10 保持原状态时，C239 线圈失电，C240 线圈则处于得电状态，由表 2-4 可知，此时计数器的输入脉冲为 X5 的动作状态而非 X10。在使用高速计数器时，一定不要用 X0 ~ X7 作为计数器线圈的驱动触点。

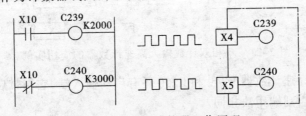

图 2-18　高速计数器工作原理

（1）单相单计数输入高速计数器（C235 ~ C245）。单相单计数输入高速计数器分为无启动/复位端和带启动/复位端两种。它的计数方式及触点动作原理与 32 位加/减计数器一致。

图 2-19 所示为无启动/复位端单相单计数输入高速计数器的应用实例。图中，X11 接通时，M8200 线圈得电，C240 被置为减计数操作方式，反之被置为加计数操作方式。X13 接通时，被选中的 C240 根据表 2-4 对 X5 输入的脉冲信号进行计数操作，直到当前值为 15 时，C240 的触点动作（常开触点闭合，常闭触点断开）。X12 接通时，C240 复位，触点断开。

图 2-20 所示为带启动/复位端单相单计数输入高速计数器的应用实例。图中，X11 接通时，M8201 线圈得电，C245 被置为减计数操作方式，反之被置为加计数操作方式。X13 接通时，被选中的 C245 根据表 2-4 将 X2 作为脉冲输入端，将 X3 作为复位输入端，将 X7 作为启动输入端。也就是说 C245 的复位既可由 X12 来控制，也可由 X3 来控制。该计数器在 X13 和 X7 同时接通的情况下，对 X2 输入的脉冲信号进行计数操作。

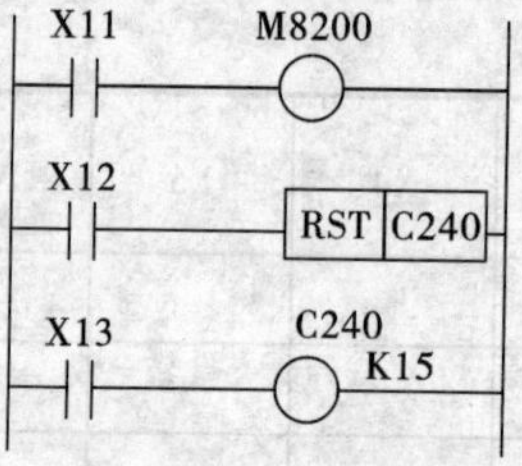

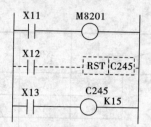

图 2-19　无启动/复位端单相单计数
输入高速计数器的应用实例

图 2-20　带启动/复位端单相单计数
输入高速计数器的应用实例

（2）单相双计数输入高速计数器（C246～C250）。单相双计数输入高速计数器有两个输入端：一个输入端用作加计数操作；另一个输入端用作减计数操作。利用特殊辅助继电器 M8246～M8250 的通/断状态可以直接监控 C246～C250 的加/减计数方向。

图 2-21 所示为单相双计数输入高速计数器的应用实例。由表 2-4 可知，C248 的加计数输入端为 X3；减计数输入端为 X4；复位输入端为 X5。当 X10 接通时，被选用的 C248 使 X3、X4 的输入有效，即 X3 从 OFF→ON 时，C248 加"1"；X4 从 OFF→ON 时，C248 减"1"。当 X5 从 OFF→ON 时，C248 复位，不必使用 RST 指令。

图 2-21　单相双计数输入高速计数器的应用实例

单相双计数输入高速计数器 C249 和 C250 还有启动输入端，它与带启动/复位端单相单计数输入高速计数器的启动端用法相同。

（3）双相双计数输入高速计数器（C251～C255）。双相（AB 相）双计数输入高速计数器进行加计数还是减计数由它的 A、B 相信号决定，利用特殊辅助继电器 M8251～M8255 的通/断状态可以直接监控 C251～C255 的加/减计数方向。当 A 相位为 ON 时，B 相输入信号由 OFF→ON，进行加计数操作；当 A 相为 ON 时，B 相输入信号由 ON→OFF，进行减计数操作。

图 2-22 所示为双相双计数输入高速计数器的应用实例。由表 2-4 可知，C253 的 A 相输入端为 X3；B 相输入端为 X4；复位输入端为 X5。当 X10 接通时，C253 开始工作，对 X3 输入的 A 相信号和 X4 输入的 B 相信号进行计数，加/减计数过程如图 2-22 所示。加计数时，M8253 为 OFF；减计数时，M8253 为 ON。当 X5 从 OFF→ON 时，C253 复位，不必使用 RST 指令。

双相双计数输入高速计数器 C254 和 C255 还有启动输入端，它与带启动/复位端单相单计数输入高速计数器的启动端用法相同。

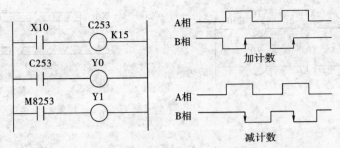

图 2-22　双相双计数输入高速计数器应用实例

八、数据寄存器（D）

数据寄存器是用于存储数值数据的编程元件，适用于模拟量控制、位置控制、数据 I/O 存储参数及工作数据。FX2N 系列 PLC 数据寄存器的长度为双字节，也可以把两个寄存器合在一起存放一个四字节的数据。根据功能不同，数据寄存器可以进行如下分类：

1. 通用数据寄存器 D0 ~ D199

PLC 运行过程中，通用数据寄存器内已写入的信息不会变化，直到再次写入。当 PLC 状态由 RUN→STOP，通用寄存器内存储的数据均清零；只有当特殊辅助继电器 M8033 为 ON 时，PLC 状态由 RUN→STOP，通用寄存器内存储的数据才可以保持。

2. 断电保持数据寄存器 D200 ~ D7999

断电保持数据寄存器具有断电保持功能，其内部存储的数据只有改写才能发生变化。也就是说，PLC 状态变化或突然断电，都不会给原数据信息带来影响。

3. 特殊数据寄存器 D8000 ~ D8255

特殊数据寄存器用于监视 PLC 各种元件的运行方式，如电池电压、扫描时间等。

4. 文件寄存器 D1000 ~ D7999

文件寄存器用于存储大量的数据，例如采集数据、统计新数据等。其存储量由 CPU 的监控软件确定，可以使用扩充卡增加其存储量。

5. 变址寄存器 V/Z

变址寄存器具有对运算操作数进行修改、改变软元件的元件编号（变址）的作用，均为 16 位寄存器的 V 和 Z，可以合并在一起使用，进行 32 位操作。

FX2N 系列 PLC 的变址寄存器 V0 ~ V7、Z0 ~ Z7 共有 16 个。例如，对于十进制数的软元件、数值（M、S、T、C、D、P、K 等），若 V0=K5，执行 D2V0 时，被执行的软元件编号为 D25；而执行 K30V0 时，被执行的是十进制数值 K35。

九、常数（K、H）

K 常用来指定定时器或计数器的设定值及功能指令操作数的数值，用十进制整数来表示；H 常用来表示应用功能指令操作数的数值，用十六进制数来表示。

课后练习

（1）简述 FX2N 系列 PLC 的内部辅助继电器的种类及各自作用。

（2）理论上，PLC 内部各元件为什么可以提供无数对触点？

（3）画出图 2-33 所示梯形图的输出波形。

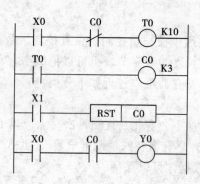

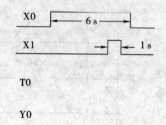

（a）

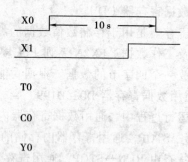

（b）

图 2-23

技能训练二　三相交流异步电动机Y/△启动控制

能力目标

（1）掌握定时器的动作原理；

（2）具备 PLC 与负载线路的接线能力；

（3）熟练应用 GX Developer 编程软件；

（4）具有独立运行调试控制系统的能力；

（5）培养将科学技术服务于生产实践的意识。

使用器材

使用器材，如表 2-5 所示。

表 2-5　使 用 器 材

序　号	名　　　称	型号与规格	数　量	备　注
1	可编程控制器实训装置	THPFSL-1/2	1	
2	电动机实操单元	B20	1	
3	实训导线	3 号转 4 号	若干	
4	SC-09 通信电缆		1	三菱
5	计算机		1	自备

三相交流异步电动机丫/△启动控制工作过程分析如下：

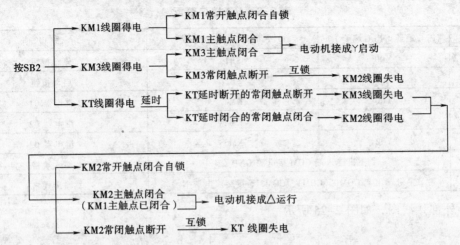

控制电路中的 KM2 和 KM3 常闭触点实现互锁控制，保证电动机绕组只能接成一种形式，即丫或△，以防止同时连接成丫及△而造成电源短路。

控制要求

按下启动按钮 SB2，电动机定子绕组星形联结启动；经过时间继电器延时，使电动机转速上升接近额定转速时，电动机定子绕组转成三角形联结，电动机进入全压正常运行状态。按下停止按钮 SB1，电动机停止工作。三相交流异步电动机丫/△启动控制电路如图 2-24所示。

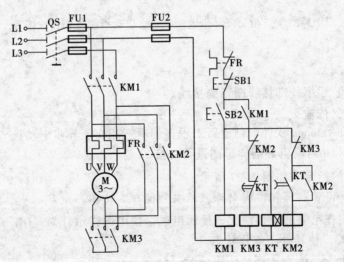

图 2-24　三相交流异步电动机丫/△启动控制电路

端口分配及接线图

（1）I/O 端口分配，如表 2-6 所示。

表 2-6 I/O 端口分配

序　号	PLC 地址（PLC 端子）	电气符号（面板端子）	功 能 说 明
1	X00	SB1	停止按钮
2	X01	SB2	启动按钮
3	Y00	KM1	继电器 01
4	Y01	KM2	继电器 02
5	Y02	KM3	继电器 03
6	主机输入端 COM 接电源 GND		输入规格
7	主机输出端 COM0、COM1、COM2 等接交流电源 N		输出规格

（2）外部接线图，如图 2-25 所示。

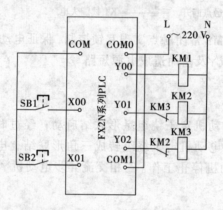

图 2-25 三相交流异步电动机 Y/△ 启动控制外部接线图

操作步骤

（1）硬件连线。根据外部接线图正确接线。

（2）程序编辑、传输：

① 打开 GX Developer 软件，创建新工程，编辑三相交流异步电动机 Y/△ 启动控制梯形图，如图 2-26 所示,并对编辑好的梯形图进行变换。

梯形图所对应的指令表如图 2-27 所示。

② 保存程序：设置路径和工程名称，单击"保存"按钮。

③ 检查专用编程电缆的连接情况；接通电源，使电源指示灯为"ON"；将 PLC 的模式选择开关置"STOP"，使其处于编程状态。

④ 单击"在线"菜单，选择"传输设置"命令，对"串行 USB"进行串口详细设置，使"COM 端口"设置为 COM1，"传输速度"设置为 9.6 Kbps，其他保持默认值。

⑤ 单击"在线"菜单，选择"PLC 写入"命令，将程序下载到 PLC 中。

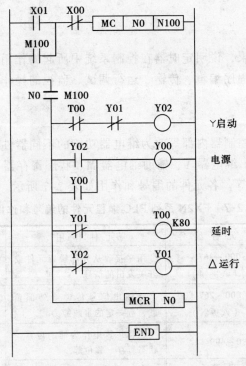

图 2-26 三相交流异步电动机Y/△启动控制梯形图

```
0    LD     X01
1    OR     M100
2    ANI    X00
3    MC     N0 M100
4    LD1    T00
5    ANI    Y01
6    OUT    Y02
7    LD     Y02
8    OR     Y00
9    OUT    Y00
10   LD1    Y01
11   OUT    Y00
            K80
12   LD1    Y02
13   OUT    Y01
14   MCR    N0
15   END
```

图 2-27 三相交流异步电动机Y/△启动控制指令表

（3）程序调试运行：

① 将 PLC 的模式选择开关置 RUN，使其处于运行状态。

② 分别按下 SB2、SB1 按钮，观察并记录电动机运行状态。

③ 断开电源，拆下 PLC 接线。

（4）运行监视。单击"在线"菜单，选择"监视"命令，进行程序运行监视。

操作总结

（1）根据程序运行结果，说明定时器在控制系统中所起的作用；

（2）总结组内同学对程序编辑、传输、运行调试、监视的操作情况。

课后回顾

编程元件是指可编程控制器内部等效为继电器功能的不同器件。FX2N 系列 PLC 的编程元件有输入继电器 X、输出继电器 Y、辅助继电器 M、状态寄存器 S、指针 P/I、定时器 T、计数器 C 和数据寄存器 D 等。各元件的编号和作用如表 2-7 所示。

表 2-7　FX2N 系列 PLC 编程元件的编号和作用

元件名称			符号	元件编号	元件作用	注释
输入继电器			X	000 ~ 267（八进制）	用来接收从外部敏感元件或开关发出的信号	只能由外部输入信号驱动
输出继电器			Y	000 ~ 267（八进制）	将输出信号传递给外部负载，有一定的带载能力	只能由程序执行的结果来驱动
辅助继电器	通用型		M	0 ~ 499	逻辑运算中作为辅助运算、状态暂存、移位等	
	断电保持型			500 ~ 1 023	能记忆电源中断瞬间的状态，并在重新通电后再现其状态	断电保持由 PLC 中的锂电池来完成
	特殊型			8 000 ~ 8 255	具备特殊功能的辅助继电器	分成触点型和线圈型
状态寄存器	初始		S	0 ~ 9	记录运行中的状态，是编制顺序控制程序的重要编程元件	常与步进顺控指令配合应用
	回零			10 ~ 19		
	保持			500 ~ 899		
	报警			900 ~ 999		
指针	分支指针		P	0 ~ 127	指示跳转目标或子程序调用的入口地址	
	中断指针		I	0□□ ~ 8□□	指示某一中断程序的入口位置	执行中断后遇到 IRET 指令返回主程序
定时器	常规型		T	0 ~ 245	延时操作	
	积算型			246 ~ 255	延时操作	具有断电保持功能，又称累加型定时器
计数器	内部计数器	16 位加计数器	C	0 ~ 199	计数操作	计数设定值为 1 ~ 32 767
		32 位加/减计数器		200 ~ 234		计数设定值为 –21 474 836 48 ~ +214 748 364 7

元件名称		符号	元件编号	元件作用	注释
计数器	高速计数器 单相单计数		235~245		高速计数器的计数脉冲输入端为 X0~X5,如果一个占用就不能再被另一个高速计数器使用,即最多允许六个不同的高速计数器同时使用
	单相双计数	C	246~250	计数操作	
	双相双计数		251~255		
数据寄存器	通用型		0~199	存储数据信息	可将两个数据寄存器合在一起,增加数据信息的存储量
	断电保持型	D	200~7 999	断电保持数据信息	
	特殊型		8 000~8 255	监视 PLC 各种元件的运行方式	
	文件型		1 000~7 999	存储大量的数据	
	变址寄存器	V/Z		对运算操作数进行修改,改变软元件的元件编号	

第三节 FX2N 系列 PLC 的基本逻辑指令

📑 **学习目标**

(1)了解指令表的组成;

(2)理解 FX2N 系列可编程控制器基本逻辑指令的功能;

(3)掌握 FX2N 系列可编程控制器基本逻辑指令的编程方法。

指令表(助记符)语言,是各类规格的 PLC 都具备的一种编程语言,用来表示 PLC 的各种操作功能。通常情况下,把两条或两条以上的指令的集合称为指令表,每条指令都由步序、指令助记符和作用元件编号三部分组成。由于在指令表中,各元件的逻辑关系很难一眼看出,所以在进行程序设计时,常利用梯形图语言来配合指令表语言共同完成编程。

基本逻辑指令是 PLC 中最基本的编程语言,掌握了它也就初步掌握了 PLC 的使用方法。虽然各种型号的 PLC 基本逻辑指令各有不同,但它们的基本格式和表示方法基本类似。这里主要针对 FX2N 系列 PLC 的 27 条基本逻辑指令,逐条讲解功能和使用方法,并对每条指令及其应用实例都用梯形图和指令表两种编程语言对照说明。

一、输入/输出指令(LD、LDI、OUT)

1. 输入/输出指令(见表 2-8)

表 2-8 输入/输出指令

指令(名称)	功 能	梯形图表示	可用软元件	程 序 步
LD(取)	常开触点与母线相连	⊣├	X、Y、M、T、C、S	1
LDI(取反)	常闭触点与母线相连	⊣╱├	X、Y、M、T、C、S	1

指令（名称）	功 能	梯形图表示	可用软元件	程 序 步
OUT（输出）	线圈驱动		Y、M、T、C、S	Y、M：1 S、特殊 M：2 T：3 C：3～5

2. 使用说明

LD——用于母线或逻辑分支开头的单个常开触点；

LDI——用于母线或分支开头的单个常闭触点；

OUT——线圈驱动的指令，用于输出继电器、辅助继电器、定时器、计数器、状态寄存器和功能块（F）的驱动，但不能用于输入继电器。输出指令用于并行输出，能够连续使用多次。

3. 应用实例

LD、LDI、OUT 指令的用法，如图 2-28 所示。

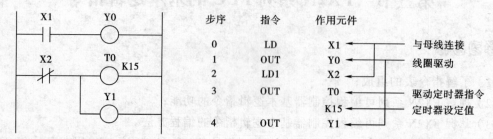

（a）梯形图　　　　　　　　　　　　　　　　（b）指令表

图 2-28　LD、LDI、OUT 指令的用法

二、触点串、并联指令（AND、ANI、OR、ORI）

1. 触点串、并联指令（见表 2-9）

表 2-9　触点串、并联指令

指令（名称）	功 能	梯形图表示	可用软元件	程 序 步
AND（与）	常开触点串联连接		X、Y、M、S、T、C	1
ANI（与非）	常闭触点串联连接		X、Y、M、S、T、C	1
OR（或）	常开触点并联连接		X、Y、M、S、T、C	1
ORI（或非）	常闭触点并联连接		X、Y、M、S、T、C	1

2. 使用说明

由于单个触点连续串、并联的数量没有限制，因此，AND、ANI、OR、ORI 指令可以连续多次使用。

AND——用于单个常开触点的串联连接；

ANI——用于单个常闭触点的并联连接；

OR——用于单个常开触点的并联连接；

ORI——用于单个常闭触点的并联连接。

3. 应用实例

AND、ANI、OR、ORI 指令的用法，如图 2-29 所示。

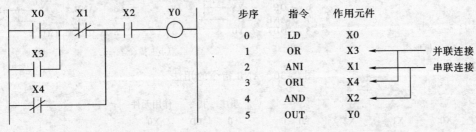

步序	指令	作用元件
0	LD	X0
1	OR	X3 ← 并联连接
2	ANI	X1 ← 串联连接
3	ORI	X4
4	AND	X2
5	OUT	Y0

（a）梯形图　　　　　　　　　　　（b）指令表

图 2-29　AND、ANI、OR、ORI 指令的用法

三、块操作指令（ANB、ORB）

1. 块操作指令（见表 2-10）

表 2-10　块操作指令

指令（名称）	功　　能	梯形图表示	可用软元件	程序步
ANB（回路块与）	并联回路块串联连接	无	无	1
ORB（回路块或）	串联回路块并联连接	无	无	1

2. 使用说明

含有两个或两个以上的触点的电路串联或并联在一起，称为串联电路块或并联电路块。块操作指令既可以分散使用，也可以集中使用，由于块操作指令集中使用的次数受到限制，多数情况下，只使用分散编程法。

ANB——用于表示逻辑分支的串联连接；

ORB——用于表示逻辑分支的并联连接。

💡 注意：

（1）ANB、ORB 指令为一条独立指令，只表示电路块之间的串、并联关系，其后不带任何操作元件。

（2）若有多个串联或并联时，应在每个串联回路块之后使用一次 ANB 指令或在每个并联回路块之后使用一次 ORB 指令，此时，串、并联电路的次数没有限制；若块操作指令集中使用，即将电路块依次集中写出后，再在这些电路块的后面集中写出对应个数的 ANB 或 ORB，则块操作指令最多只能连续使用八次。

3. 应用实例

ANB、ORB 指令的用法，如图 2-30 和图 2-31 所示。

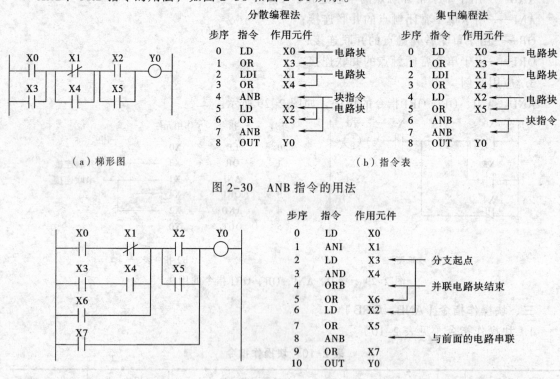

图 2-30　ANB 指令的用法

图 2-31　ANB、ORB 指令的用法

四、置位、复位指令（SET、RST）

1. 置位、复位指令（见表 2-11）

表 2-11　置位、复位指令

指令（名称）	功　能	梯形图表示	可用软元件	程　序　步
SET（置位）	动作保持	── │ ├── SET　Y,M,S ──	Y、M、S	Y、M：1 S、特殊 M：2
RST（复位）	消除动作保持，当前值及寄存器清零	── │ ├── RST　Y,M,S,T,C,D,V,Z ──	Y、M、S、T、C、D、V、Z	Y、M：1 S、T、C、特殊 M：2 D、V、Z、特殊 D：3

2. 使用说明

SET 和 RST 指令都具有电路自保功能，二者可用的软元件不同；被 SET 指令置位的继电

器只能用 RST 指令才能复位；RST 指令一个重要的用途是对计数器复位。

SET——在输入信号的上升沿，使它所驱动的元件自保持通态；

RST——在输入信号的上升沿，使它所驱动的元件自保持断态。

3. 应用实例

SET、RET 指令的用法，如图 2-32 所示。

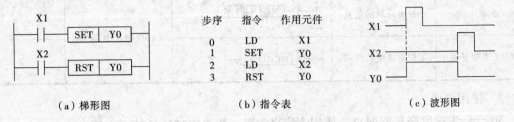

（a）梯形图　　　　　　（b）指令表　　　　　　（c）波形图

图 2-32　SET、RET 指令的用法

五、脉冲输出指令（PLS、PLF）

1. 脉冲输出指令（见表 2-12）

表 2-12　脉冲输出指令

指令（名称）	功　能	梯形图表示	可用软元件	程　序　步
PLS（上升沿脉冲）	上升沿微分输出	┤├── PLS Y,M	Y、M（特殊 M 除外）	2
PLF（下降沿脉冲）	下降沿微分输出	┤├── PLF Y,M	Y、M（特殊 M 除外）	2

2. 使用说明

PLS、PLF 指令可以对输入开关信号进行脉冲处理，以适应不同的控制要求。

PLS——上升沿微分输出指令，只在输入信号的上升沿对所驱动元件产生一个扫描周期的时间脉冲；

PLF——下降沿微分输出指令，只在输入信号的下降沿对所驱动元件产生一个扫描周期的时间脉冲。

3. 应用实例

PLS、PLF 指令的用法，如图 2-33 所示。

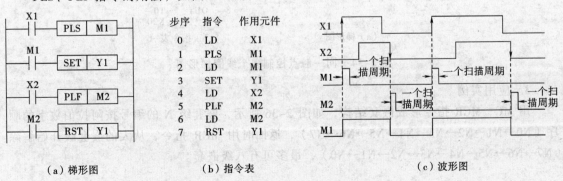

（a）梯形图　　　　　　（b）指令表　　　　　　（c）波形图

图 2-33　PLS、PLF 指令的用法

六、主控触点指令（MC、MCR）

1. 主控触点指令（见表 2-13）

表 2-13　主控触点指令

指令（名称）	功　能	梯形图表示	可用软元件	程　序　步
MC（主控）	主控电路块的起点	├┤├─MC N Y,M┤	Y、M（特殊 M 除外）	3
MCR（主控复位）	主控电路块的终点	├┤├─MCR N┤		2

2. 使用说明

MC——主控电路块的起点。使用 MC 指令时，相当于母线移到主控触点的后面，即主控触点后形成新的母线，在新母线的支路上必须以 LD 或 LDI 开始操作。

MCR——主控复位指令，是主控电路块的终点，MCR 指令可以使后移的母线回到原来的位置。

💡 注意

（1）MC、MCR 指令必须成对出现，如控制电路中存在着多重嵌套结构，即在 MC 指令区域内再次出现 MC 指令，则相邻最近的 MC 和 MCR 配成一对。

（2）当主控触点为 OFF 时，由 MC 和 MCR 指令所包含的程序段内所有的触点、线圈和设定值都应该保持原状态。

在 PLC 应用程序的设计过程中，常常会出现多个线圈同时受一组触点控制的情况，如图 2-34 所示，图 2-34 中 LD　X1 的重复出现会占用很多存储单元。在这种情况下，主控触点指令可以解决多占存储单元的问题，即将 X1 作为主控触点，如图 2-35 所示。在没有嵌套结构的情况下，常用 N0 来编程。

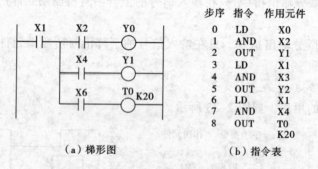

步序	指令	作用元件
0	LD	X0
1	AND	X2
2	OUT	Y1
3	LD	X1
4	AND	X3
5	OUT	Y2
6	LD	X1
7	AND	X4
8	OUT	T0
		K20

（a）梯形图　　　　　　（b）指令表

图 2-34　同一触点控制多个线圈梯形图

3. 应用实例

用 MC、MCR 指令形成嵌套结构，如图 2-36 所示，嵌套级 N 的编号按阿拉伯数字的顺序（N0→N1→N2→N3→N4→N5→N6→N7），返回时用 MCR 指令，从大的嵌套级开始解除（N7→N6→N5→N4→N3→N2→N1→N0），最多可有八级嵌套。

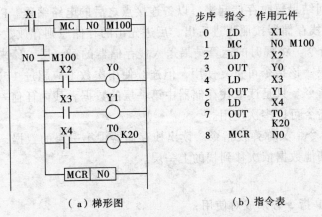

（a）梯形图　　　　　　　　（b）指令表

图 2-35　利用主控触点指令实现同一触点控制多个线圈梯形图

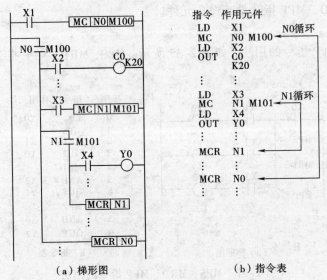

（a）梯形图　　　　　　　　（b）指令表

图 2-36　MC、MCR 指令的用法（嵌套结构）

七、多重输出指令（MPS、MRD、MPP）

1. 多重输出指令（见表 2-14）

表 2-14　多重输出指令

指令（名称）	功　　能	梯形图表示	可用软元件	程 序 步
MPS（进栈）	入栈		无	1
MRD（读栈）	读栈		无	1
MPP（出栈）	出栈		无	1

2. 使用说明

多重输出指令又称堆栈指令，MPS、MRD 和 MPP 是一组指令，用于存在多重输出且逻辑条件不同时，将中间结果暂时存储起来，以备连接点之后的电路编程。FX 系列 PLC 中提供了 11 个栈存储器。栈存储器按照先进后出、后进先出的存储原则存放数据。

MPS——进栈指令。将现时的运算结果送入栈存储器的第一层，原来存储在栈中的数据依次移到栈的下一层。该指令可重复使用，但连续使用次数不应超过 11 次。

MRD——读栈指令。只是读取栈存储器中第一层的数据，栈内任何一层存储器所存的数据都不会移动。该指令可以多次使用。

MPP——出栈指令，又称弹栈指令。读出栈存储器中第一层的数据，同是该数据从栈中消失，栈中所存的其他数据依次移到栈的上一层。

💡 **注意**

（1）MPS 和 MPP 指令必须成对使用；

（2）根据不同的控制要求，程序段中可以不使用读栈指令 MRD；

（3）MPS、MRD、MPP 指令没有操作元件。

3. 应用实例

MPS、MRD、MPP 指令的用法，如图 2-37 所示。MPS、MRD、MPP 指令也可以多层使用，如图 2-38 所示。

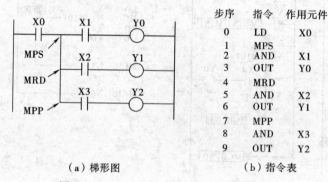

步序	指令	作用元件
0	LD	X0
1	MPS	
2	AND	X1
3	OUT	Y0
4	MRD	
5	AND	X2
6	OUT	Y1
7	MPP	
8	AND	X3
9	OUT	Y2

（a）梯形图　　　　　　　（b）指令表

图 2-37　MPS、MRD、MPP 指令的用法

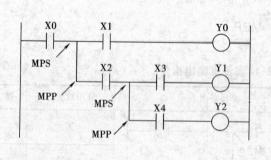

步序	指令	作用元件
0	LD	X0
1	MPS	
2	AND	X1
3	OUT	Y0
4	MPP	
5	AND	X2
6	MPS	
7	AND	X3
8	OUT	Y1
9	MPP	
10	AND	X4
11	OUT	Y2

（a）梯形图　　　　　　　（b）指令表

图 2-38　二层栈编程实例

八、边沿检测指令（LDP、LDF、ANDP、ANDF、ORP、ORF）

1. 边沿检测指令（见表 2-15）

表 2-15　边沿检测指令

指令（名称）	功　能	梯形图表示	可用软元件	程序步
LDP（取脉冲上升沿）	上升沿检出运算开始		X、Y、M、S、T、C	2
LDF（取脉冲下降沿）	下降沿检出运算开始		X、Y、M、S、T、C	2
ORP（或上升沿脉冲）	上升沿检出并联连接		X、Y、M、S、T、C	2
ORF（或下降沿脉冲）	下降沿检出并联连接		X、Y、M、S、T、C	2
ANDP（与上升沿脉冲）	上升沿检出串联连接		X、Y、M、S、T、C	2
ANDF（与下降沿脉冲）	下降沿检出串联连接		X、Y、M、S、T、C	2

2. 使用说明

LDP、ORP、ANDP——进行上升沿检测的触点指令，又称上升沿微分指令。它们只在指定软元件的上升沿接通一个扫描周期。

LDF、ORF、ANDF——进行下降沿检测的触点指令，又称下降沿微分指令。它们只在指定软元件的下降沿接通一个扫描周期。

3. 应用实例

LDP、LDF、ANDP、ANDF、ORP、ORF 的用法，如图 2-39 所示。

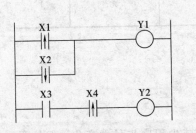

步序	指令	作用元件
0	LDP	X1
1	ORF	X2
2	OUT	Y1
3	LD	X3
4	ANDP	X4
5	OUT	Y2

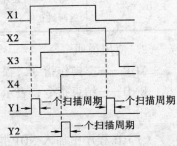

（a）梯形图　　　　　　　（b）指令表　　　　　　　（c）波形图

图 2-39　边沿检测指令的用法

九、逻辑运算结果取反指令（INV）

1. 逻辑运算结果取反指令（见表 2-16）

表 2-16　逻辑运算结果取反指令

指令（名称）	功　能	梯形图表示	可用软元件	程序步
INV（取反）	运算结果取反	⊢ ⊣ INV ／ ◯ ⊣	无	1

2. 使用说明

INV——把指令执行之前的逻辑运算结果取反，无操作元件。INV 指令既不能如 LD、LDI、LDP、LDF 一样与左母线单独相连，也不能如 OR、ORI、ORP、ORF 那样单独使用；它只能在输入 AND、ANI、ANDP、ANDF 指令步的相同位置处使用。

3. 应用实例

INV 指令的用法，如图 2-40 所示。

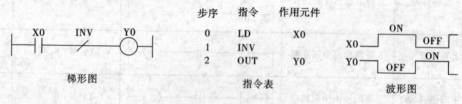

步序	指令	作用元件
0	LD	X0
1	INV	
2	OUT	Y0

图 2-40　INV 指令的用法

十、空操作指令（NOP）和结束指令（END）

1. 空操作指令和结束指令（见表 2-17）

表 2-17　空操作指令和结束指令

指令（名称）	功　能	梯形图表示	可用软元件	程序步
NOP（空操作）	无动作	⊢ ⊣ NOP ⊣ 没有回路表示	无	1
END（结束）	输入/输出处理以及 返回到 0 步	⊢ ⊣ END ⊣	无	1

2. 使用说明

NOP——空操作指令，程序中仅做空操作运行；

END——结束指令，表示程序结束。

💡 注意

（1）在程序中加入 NOP 指令，有利于修改或增加程序时，减少程序步号的变化，但是要求程序要有余量。

（2）没有 END 指令，PLC 会报错。因为 PLC 扫描一次后，就一直执行空指令，进入死循环状态。

（3）由于当程序执行到 END 指令时，其后的指令就不能被执行了。因此，在程序调试时，可以通过插入 END 指令，将程序划分为若干段，进行分段调试。在确定前面程序段没有错误后，依次删除 END 指令，直至调试结束。

课后练习

（1）画出图 2-41 所示指令表的梯形图。

0	LD	X4
1	OR	X6
2	ORP	M102
3	OUT	Y5
4	LD	Y5
5	AND	X7
6	ORI	M104
7	ORF	M110
8	ANI	X10
9	OUT	M103

（a）

0	LD	X0
1	OR	X1
2	LD	X2
3	AND	X3
4	LD	X4
5	AND	X5
6	ORI	X6
7	ORB	
8	ANB	
9	OR	X3
10	OUT	Y7

（b）

图　2-41

（2）写出图 2-42 所示梯形图的指令表。

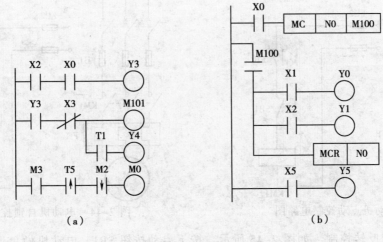

（a）　　　　　　　　　　（b）

图　2-42

技能训练三　典型电动机控制

能力目标

（1）掌握运用 PLC 的基本指令编写简单梯形图程序的方法；

（2）熟练应用 GX Developer 编程软件；

（3）具有 PLC 与负载线路接线的能力；

（4）具有对 PLC 控制系统进行运行调试的能力；

（5）培养主动参与技能实践的学习意识。

使用器材

使用器材，如表 2-18 所示。

表 2-18　使用器材

序号	名　　　称	型号与规格	数　量	备　注
1	可编程控制器实训装置	THPFSL-1/2	1	
2	电动机实操单元	B20	1	
3	实训导线	3 号转 4 号	若干	
4	SC-09 通信电缆		1	三菱
5	计算机		1	自备

控制要求

（1）点动控制，如图 2-43 所示。每按动启动按钮一次，电动机做星形联结运转一次。

（2）自锁控制，如图 2-44 所示。按下启动按钮 SB1，电动机做星形联结启动并持续运转；当按下停止按钮 SB3 时，电动机才停止运转。

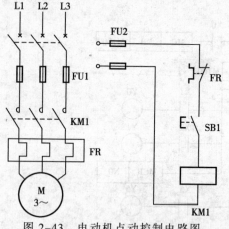

图 2-43　电动机点动控制电路图

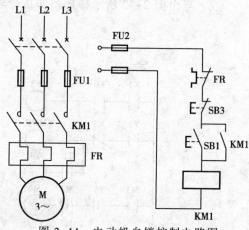

图 2-44　电动机自锁控制电路图

（3）联锁正反转控制，如图 2-45 所示。按下启动按钮 SB1，电动机做星形联结启动，电动机正转并持续运转；按下启动按钮 SB2，电动机做星形联结启动，电动机反转并持续运转；在电动机正转时，启动按钮 SB2 起联锁作用，在电动机反转时，启动按钮 SB1 起联锁作用；如需正反转切换，应首先按下停止按钮 SB3，使电动机停止转动，再对其转动方向进行切换。

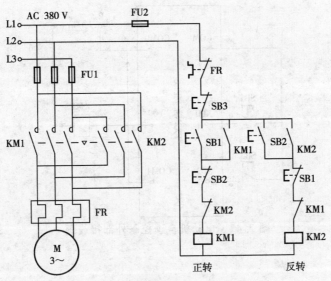

图 2-45　电动机联锁正反转控制电路

端口分配及接线图

（1）I/O 端口分配，如表 2-19 所示。

表 2-19　I/O 端口分配

序　　号	PLC 地址（PLC 端子）	电气符号（面板端子）	功　能　说　明
1	X00	SB1	正转启动
2	X01	SB2	反转启动
3	X02	SB3	停止
4	Y00	KM1	继电器 01
5	Y01	KM2	继电器 02
6	主机输入端 COM 接电源 GND		输入规格
7	主机输出端 COM0、COM1、COM2 等接交流电源 N		输出规格

（2）外部控制接线图：

① 电动机点动控制接线图，如图 2-46 所示。

② 电动机自锁控制接线图，如图 2-47 所示。

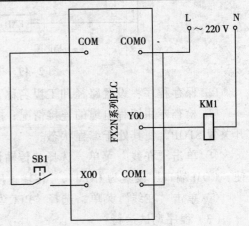

图 2-46　电动机点动控制外部接线图

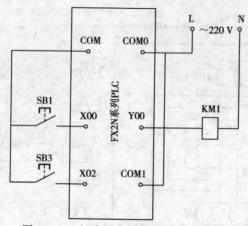

图 2-47　电动机自锁控制外部接线图

操作步骤

（1）硬件连线：根据外部接线图正确接线。

（2）程序编辑、传输：

① 打开 GX Developer 软件，创建新工程，在编辑区绘制如图 2-48、图 2-49 所示梯形图（图 2-48 为电动机点动控制梯形图；图 2-49 为电动机自锁控制梯形图）并对编辑好的梯形图进行变换。

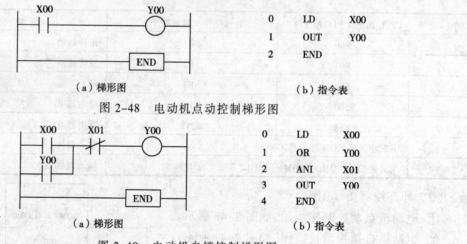

图 2-48　电动机点动控制梯形图

图 2-49　电动机自锁控制梯形图

② 保存程序：设置路径和工程名称，单击"保存"按钮。

③ 检查专用编程电缆的连接情况；接通电源，使电源指示灯为 ON；将 PLC 的模式选择开关置 STOP，使其处于编程状态。

④ 单击"在线"菜单，选择"传输设置"命令，对"串行 USB"进行串口详细设置，使"COM 端口"设置为 COM1，"传输速度"设置为 9.6 Kbps，其他保持默认值。

⑤ 单击"在线"菜单，选择"PLC 写入"命令，将程序下载到 PLC 中。

（3）程序调试运行：

① 将 PLC 的模式选择开关置 RUN，使其处于运行状态；

② 分别按下 SB1～SB3 按钮，观察并记录电动机运行状态。

（4）根据电动机点动控制和自锁控制梯形图，尝试设计电动机联锁正反转控制梯形图，并上机验证。

（5）尝试用置位、复位指令编写电动机自锁控制程序，观察运行结果。

操作总结

（1）根据操作结果，画电动机联锁正反转控制外部接线图及梯形图；

（2）画出用置位、复位指令设计的电动机自锁控制程序；

（3）总结用 PLC 指令编写简单梯形图程序的方法。

设计参考

（1）图 2-50 和图 2-51 分别是电动机联锁正反转控制的外部接线图和梯形图。

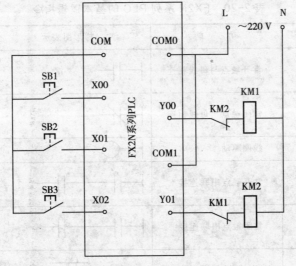

图 2-50　电动机联锁正反转控制外部接线图

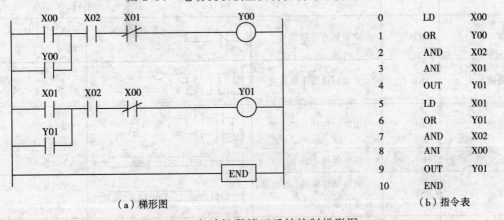

0	LD X00
1	OR Y00
2	AND X02
3	ANI X01
4	OUT Y01
5	LD X01
6	OR Y01
7	AND X02
8	ANI X00
9	OUT Y01
10	END

（a）梯形图　　　　　　　　　　　　　　（b）指令表

图 2-51　电动机联锁正反转控制梯形图

（2）图 2-52 是用置位、复位指令设计的电动机自锁控制梯形图。

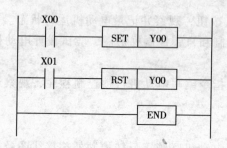

图 2-52　用置位、复位指令设计的电动机自锁控制梯形图

课后回顾

基本逻辑指令，可供设计者编制语句表时使用，它与梯形图有着严格的对应关系。FX2N 系列 PLC 的基本逻辑指令如表 2-20 所示。

表 2-20　FX2N 系列 PLC 的基本逻辑指令

指令名称	助记符	功　能	梯形图表示	可用软元件
取	LD	常开触点与母线相连		X、Y、M、T、C、S
取反	LDI	常闭触点与母线相连		X、Y、M、T、C、S
输出	OUT	线圈驱动		Y、M、T、C、S
与	AND	常开触点串联连接		X、Y、M、S、T、C
与非	ANI	常闭触点串联连接		X、Y、M、S、T、C
或	OR	常开触点并联连接		X、Y、M、S、T、C
或非	ORI	常闭触点并联连接		X、Y、M、S、T、C
回路块与	ANB	并联回路块串联连接	无	无
回路块或	ORB	串联回路块并联连接	无	无
置位	SET	动作保持	SET Y,M,S	Y、M、S
复位	RST	消除动作保持，当前值及寄存器清零	RST Y,M,S,T,C,D,V,Z	Y、M、S、T、C、D、V、Z
上升沿脉冲	PLS	上升沿微分输出	PLS Y,M	Y、M(特殊 M 除外)

74

指令名称	助记符	功能	梯形图表示	可用软元件
下降沿脉冲	PLF	下降沿微分输出	PLF Y,M	Y、M(特殊 M 除外)
主控	MC	主控电路块的起点	MC N Y,M	Y、M(特殊 M 除外)
主控复位	MCR	主控电路块的终点	MCR N	无
进栈	MPS	入栈	MPS	无
读栈	MRD	读栈	MRD	无
出栈	MPP	出栈	MPP	无
取脉冲上升沿	LDP	上升沿检出运算开始		X、Y、M、S、T、C
取脉冲下降沿	LDF	下降沿检出运算开始		X、Y、M、S、T、C
或上升沿脉冲	ORP	上升沿检出并联连接		X、Y、M、S、T、C
或下降沿脉冲	ORF	下降沿检出并联连接		X、Y、M、S、T、C
与上升沿脉冲	ANDP	上升沿检出串联连接		X、Y、M、S、T、C
与下降沿脉冲	ANDF	下降沿检出串联连接		X、Y、M、S、T、C
取反	INV	运算结果取反	INV	无
空操作	NOP	无动作	NOP 没有回路表示	无
结束	END	输入/输出处理以及返回到 0 步	END	无

测 试

一、填空题

（1）PLC 常见的编程语言有（　　）、（　　）、（　　）、（　　）和（　　）五种。

（2）FX2N 系列 PLC 梯形图中编程元件的名称由（　　）和（　　）两大部分构成。

（3）辅助继电器可以分为（　　）、（　　）和（　　）三种类型。

（4）状态寄存器可以分为（　　）、（　　）、（　　）、（　　）和（　　）五种类型。

（5）指针可以分为（　　）和（　　）两种。

（6）FX2N 系列 PLC 定时器有（　　）和（　　）两种不同的类型。

（7）计数器是 PLC 重要的内部部件，具有（　　）的作用。它由一个（　　）、一个（　　）、（　　）以及无数个（　　）组成的。

（8）FX2N 系列 PLC 有两种类型的计数器，它们分别是（　　）和（　　）。

（9）数据寄存器可以分为（　　）、（　　）、（　　）、（　　）和（　　）五种类型。

（10）常数 K 常用（　　）进制数来表示；H 常用（　　）进制数来表示。

（11）块操作指令最多只能连续使用（　　）次。

（12）在基本逻辑指令中，能够形成新母线的指令是（　　）。

（13）栈存储器按照（　　）的存储原则存放数据。

（14）INV 指令的功能是（　　）。

（15）表示程序结束的指令是（　　）。

二、选择题

（1）在梯形图语言，连接在左、右母线之间的，以触点开头线圈结束的线路，称为（　　）。

    A. 母线　　　　　　　　B. 逻辑行　　　　　　　C. 逻辑分支　　　　　　D. 逻辑解算

（2）同一梯形图中，同一编号的触点可以使用（　　）。

    A. 1 次　　　　　　　　B. 10 次　　　　　　　C. 100 次　　　　　　D. 无限次

（3）利用 GX Developer 编程软件进行梯形图编辑时，F6 表示（　　）。

    A. 输入常开触点　　　　　　　　　　　　B. 输入常闭触点

    C. 输入并联常开触点　　　　　　　　　　D. 输入并联常闭触点

（4）利用 GX Developer 编程软件进行梯形图编辑时，表示输入直线的快捷键是（　　）。

    A. F9　　　　　　　　　B. sF9　　　　　　　　C. cF9　　　　　　　D. cF10

（5）编号范围是 M500 ~ M1023 的辅助继电器是（　　）。

    A. 通用辅助继电器

    B. 断电保持辅助继电器

    C. 特殊辅助继电器

（6）编号范围是 I010 ~ I060 的中断用指针是（　　）。

    A. 输入中断用指针

    B. 定时器中断用指针

    C. 计数器中断用指针

（7）编号范围是 C235～C245 的高速计数器是（　　　）。

    A. 单相单计数输入高速计数器

    B. 单相双计数输入高速计数器

    C. 双相双计数输入高速计数器

（8）具有对运算操作数进行修改、改变软元件的元件编号作用的数据寄存器是（　　　）。

    A. 通用数据寄存器　　　　　　　　　　　　B. 文件寄存器

    C. 变址寄存器　　　　　　　　　　　　　　D. 断电保持数据寄存器

（9）具有消除动作保持，当前值及寄存器清零作用的指令是（　　　）。

    A. MC　　　　　　　B. SET　　　　　　　C. ANB　　　　　　　D. RST

（10）ORP 指令的功能是（　　　）。

    A. 上升沿检出运算开始　　　　　　　　　　B. 下降沿检出运算开始

    C. 上升沿检出并联连接　　　　　　　　　　D. 下降沿检出并联连接

（11）具有读栈功能的指令是（　　　）。

    A. MPS　　　　　　B. MRD　　　　　　C. MPP　　　　　　D. LDF

（12）NOP 指令的名称是（　　　）。

    A. 空操作　　　　　　B. 置位　　　　　　C. 主控复位　　　　　　D. 取反

三、判断题

（1）在同一逻辑行上，由两个或两个以上的触点所构成的独立逻辑单元，称为逻辑分支，又称逻辑块。（　　　）

（2）在梯形图程序设计过程中，同一逻辑行控制的多个线圈可以以任意形式输出。

（　　　）

（3）输入/输出继电器的编号采用八进制，遵循"逢八进一"的原则。（　　　）

（4）PLC 内有很多辅助继电器，与输入继电器一样，只能由 PLC 内各软元件的触点驱动。

（　　　）

（5）常规型定时器具有断电保持功能。（　　　）

（6）32 位加/减计数器通过特殊辅助继电器 M8200～M8234 来设定计数方式：特殊辅助继电器置为 ON 时，进行减计数操作；置为 OFF 时，进行加计数操作。（　　　）

（7）高速计数器均为 32 位加/减型计数器，用于输入频率较高的计数操作。（　　　）

（8）与其他基本逻辑指令相同，ANB、ORB 也具有操作元件。（　　　）

（9）SET 和 RST 指令都具有电路自保功能，二者可用的软元件不同，它们都在输入信号的上升沿有效。（　　　）

（10）PLF 指令只在输入信号的上升沿对所驱动元件产生一个扫描周期的时间脉冲。

（　　　）

（11）当主控触点为 ON 时，由 MC 和 MCR 指令所包含的程序段内所有的触点、线圈和设定值都应该保持原状态。（　　　）

（12）用 MC、MCR 指令形成嵌套结构，最多可以有八级嵌套。（　　　）

四、简答题

在进行 PLC 梯形图程序设计时，应注意哪些问题？

五、指出图 2-53 所示梯形图程序的错误，并改正

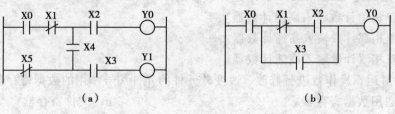

（a）　　　　　　　　　　　　　（b）

图　2-53

六、画出图 2-54 所示梯形图的输出波形

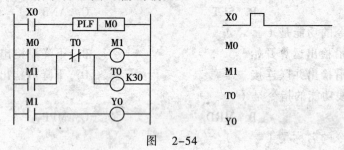

图　2-54

七、画出指令表对应的梯形图

```
0    LD     X000
1    OR     Y000
3    OUT    Y000
2    ANI    T3
4    OUT    T0     K30
7    LD     T0
8    OR     Y001
9    ANI    T2
10   OUT    Y001
11   ANI    X001
12   OUT    T1     K30
15   LD     T1
16   OR     Y002
17   ANI    M0
18   OUT    Y002
19   LD     X001
20   OR     M0
21   MPS
22   ANI    T3
23   OUT    M0
24   MPP
25   OUT    T2     K30
28   AND    T2
29   OUT    T3     K30
32   END
```

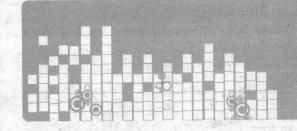

第三章

步进顺控指令

在 PLC 程序设计时，对于比较复杂的顺序控制过程，如果运用基本逻辑指令来实现其控制功能，那么编写出来的梯形图会比较复杂，失去了梯形图语言形象、直观的特点。而步进顺控指令及状态转移图（SFC）能够轻松地完成复杂顺序控制过程的编程，它能将复杂的顺序控制过程分为若干个状态，具有不同动作的相邻状态通过转换分隔，当转换条件满足时，也就实现了状态的转换。

本章以 FX2N 系列 PLC 在生产控制过程中的应用入手，着重介绍状态转移图的组成、基本结构、编制方法以及步进顺控指令 STL/RET 的编程方法；借助 GX Developer 编程软件，使学生在进一步熟悉 GX Developer 编程软件的同时，掌握简单步进顺控程序状态转移图的编制方法，并在 GX Developer 编程软件中对状态转移图进行编辑；学会将状态转移图转换为步进梯形图，为 PLC 的顺序控制程序设计奠定基础。

第一节　状态转移图

学习目标

（1）了解状态转移图的组成；
（2）理解状态转移图各基本结构的流程控制方式；
（3）掌握状态转移图的编制方法；
（4）学会在 GX Developer 编程软件中编辑状态转移图。

在现代化工业生产中，各种工业控制系统的自动化程度不断提高。为提高生产车间的物流自动化水平，实现生产环节间的运输自动化，使厂房内的物料搬运全自动化，许多企业在生产车间广泛使用无人小车，小车在车间工作台或生产线之间自动往返装料卸料。送料小车成为工业运料的主要设备之一，它广泛应用于自动化生产线、冶金、港口、煤矿等行业。同时，许多物流公司在自动化仓库管理也很多使用物料控制系统，包括电梯的垂直升降控制和水平方向的往返控制。

本节以送料小车自动控制为例，介绍状态转移图的组成、基本形式及编制方法。如图 3-1 所示，送料小车由电动机拖动。电动机正转时，小车前进；电动机反转时，小车后退。

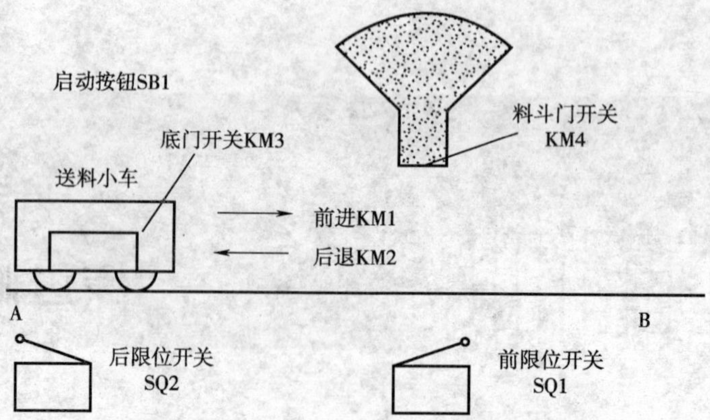

启动按钮SB1

料斗门开关
KM4

底门开关KM3

送料小车

前进KM1

后退KM2

A   B

后限位开关
SQ2

前限位开关
SQ1

图 3-1   送料小车自动控制示意图

送料小车控制要求：

（1）按下启动按钮 SB1，预先装满料的送料小车前进（KM1 接通）送料，到达卸料处（SQ2）自动停下来，打开底门（KM3 接通）卸料。

（2）经过卸料所需的设定时间 t_2 s 延时后，送料小车自动后退（KM2 接通），返回到装料处（SQ1）自动停下来，料斗门打开（KM4 接通）装料。

（3）经过装料所需的设定时间 t_1 s 延时后，送料小车再次自动前进送料，卸完料后送料小车又自动返回装料，如此自动往返循环。

送料小车自动控制的工作流程图如图 3-2 所示。

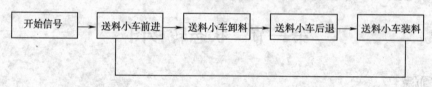

图 3-2   送料小车自动控制的工作流程图

一、状态转移图的组成

状态转移图（Sequential Function Chart，SFC），又称顺序功能图或流程图，是描述控制系统的控制过程、功能和特性的一种用状态继电器来描述工步转移的框图。在状态转移图中，当相邻两个状态之间的转换条件得到满足时，才能实现状态的转换，且下一个状态的开始就意味着上一个状态的结束。状态转移图具有直观、简单的特点。

状态转移图由步、有向连线、转换、转换条件和动作或命令等几部分组成的，如图 3-3 所示。状态转移图中的每个状态都包含三个要素，它们分别是负载驱动（动作或命令）、指定转移方向和指定转换条件。

1. 步

步又称状态，常用矩形框及框中的内部状态继电器 S 来表示。在 PLC 步进顺控程序设计过程中，步分为初始步▢和一般步▮，每个状态转移图都应该有一个初始步，它是与控制过程的初始状态相对应的步，初始步表示操作的开始。FX2N 系列 PLC 内部的状态继电器的分类、编号、数量及用途如表 3-1 所示。

80

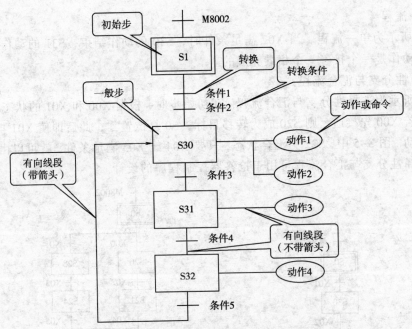

图 3-3 状态转移图的组成示意图

表 3-1 FX2N 系列 PLC 内部的状态继电器的分类、编号、数量及用途

分 类	编 号	数 量	用 途
初始化状态继电器	S0 ~ S9	10	初始化
返回状态继电器	S10 ~ S19	10	在功能指令（FNC60）IST 的使用中被作原点返回
普通型状态继电器	S20 ~ S499	480	用在 SFC 的中间状态
掉电保持型状态继电器	S500 ~ S899	400	具有掉电记忆功能，掉电后再启动，可继续执行
诊断、报警用状态继电器	S900 ~ S999	100	用于故障诊断或报警

2. 有向连线

连接步与步之间的线段称为有向连线，用来表示状态转移图控制的工作流程。通常情况下，有向连线是不带箭头的，但如果状态的转变方向是从下到上或从右到左，则有向连线的线段应该画箭头。

3. 转换和转换条件

与有向连线垂直且对各步具有分隔作用的短划线，称为转换；而要实现前一状态"转移"到下一个状态，必须有转换条件，转换条件常标注在转换的旁边，可以用文字语言、图形符号或布尔表达式来表示。当转换条件满足时，下一个状态也就成为指定的转移方向。

4. 动作或命令（负载驱动）

在状态转移图中，每一步都有一个或多个相应的动作，这些动作由状态继电器 S 或 PLC 内部其他软继电器的逻辑组合来驱动。

二、状态转移图的基本结构

根据流程控制方式，状态转移图可以分为单一流程、选择性分支与汇合流程、并行性分支与汇合流程、跳转与循环流程等基本结构。

1. 单一流程

图 3-4 所示为单一流程。当 X02 满足条件时，S30 的动作结束，S31 的动作开始。在单一流程中，动作是一个接着一个相继完成的。

2. 选择性分支与汇合流程

图 3-5 所示为选择性分支与汇合流程。在初始步时，根据 X00 和 X01 的状态确定被选的分支回路。若 X00 先接通，则 S20 成为转移目标，S0 复位置零；此后即使 X01 再接通，S23 也不会被驱动。图 3-5 中，S22 为汇合状态，只要 X04 或 X05 满足条件，就可以由 S21 或 S24 来驱动。选择性分支与汇合流程可用于抢答器控制程序的设计。

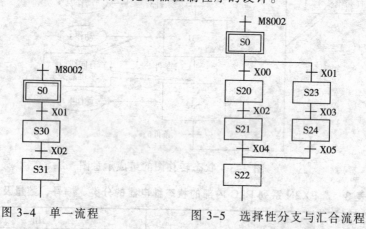

图 3-4　单一流程　　　　　图 3-5　选择性分支与汇合流程

3. 并行性分支与汇合流程

图 3-6 所示为并行性分支与汇合流程。实现并行流程的有向连线的水平部分常用双线"＝＝"来表示。在初始步时，当 X00 满足条件，S20 和 S23 同时被驱动，S0 复位置零，且被驱动的每个分支回路的动作步进展都是独立的；S22 为汇合状态，若分支回路的 S21 或 S24 成为有效状态，只要 X03 满足条件，则 S22 被驱动，前一个动作 S21 或 S24 复位置零。并行性分支与汇合流程可用于自动化生产线的控制程序设计。

4. 跳转与循环流程

图 3-7 所示为跳转与循环流程。跳转就是将流程控制权转移到下方的某一个状态或是其他流程中的状态，如图 3-7（a）所示，在 S20 为有效状态时，若 X01 满足条件，S22 被驱动，S20 复位置零，跳过 S21 不被驱动。循环是指当一个流程结束或某个转换条件成立时，将流程控制权转移到初始状态或上方中某一状态去执行，如图 3-7（b）所示，在 S20 为有效状态时，若 X01 和 X02 得到满足，该程序将在 S20 和 S21 之间进行循环。跳转与循环流程可用于多台电动机的顺序启动、逆序停止控制程序设计。

三、状态转移图的编制

利用步进顺控指令编写程序之前，需要根据流程图画出状态转移图。流程图中的每一步都对应状态转移图中的一个状态，控制系统的状态转移图的编制就是在对每一步的状态分配、状态输出和状态转移做出合理分析的基础上完成的。下面以送料小车自动控制为例，说明状态转移图的编制方法。

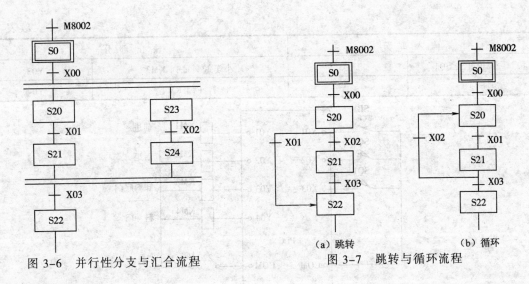

图 3-6　并行性分支与汇合流程　　　图 3-7　跳转与循环流程

（a）跳转　　　　　　　（b）循环

1. 状态分析

（1）状态分配。根据图 3-2 所示的送料小车自动控制的工作流程分析，整个控制过程（不包括初始步）分为四个独立的步，其中的每一步都对应具体的工作状态。初始步及各个相应的工作状态所分配的状态继电器的情况，如表 3-2 所示。

（2）状态输出。送料小车自动控制过程中的每个状态下都对不同的负载进行驱动，所驱动的负载及其功能，如表 3-2 所示。

（3）状态转移。在步进顺控程序设计过程中，确定不同状态间的转换条件以及转移方向是编制状态转移图的基础。在送料小车自动控制过程中，实现送料小车前进、停车卸料、后退、停车装料、再次前进送料的转换条件分别是 SB1、SQ2、t_2、SQ1、t_1；送料小车从初始步开始的转移方向依次是 S0→S20→S21→S22→S23→S20，如表 3-2 所示。

表 3-2　送料小车自动控制过程状态分析表

状态（步）分配		状态输出	状态转移	
步序	状态继电器		转换条件	转移方向
初始步	S0	PLC 初始化	SB1	S0→S20
第一步	S20	KM1 接通，小车前进	SQ2	S20→S21
第二步	S21	KM3 接通，停车卸料	t_2 s 计时结束	S21→S22
第三步	S22	KM2 接通，小车后退	SQ1	S22→S23
第四步	S23	KM4 接通，停车装料	t_1 s 计时结束	S23→S20

2. I/O 端口分配

送料小车自动控制系统的 PLC I/O 端口分配及外部接线图，分别如表 3-3 和图 3-8 所示。

表 3-3　送料小车自动控制系统 PLC I/O 端口分配

输入部分		输出部分	
输入设备	输入端口	输出设备	输出端口
启动按钮 SB1	X01	小车前进（电动机正转）KM1	Y01
前限位开关 SQ2	X02	小车后退（电动机反转）KM2	Y02

续表

输 入 部 分		输 出 部 分	
后限位开关 SQ1	X03	小车卸料底门 KM3	Y03
		料斗门 KM4	Y04

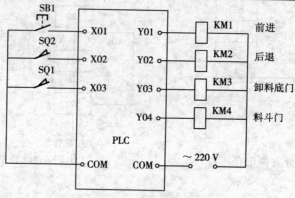

图 3-8　送料小车自动控制外部接线图

3. 状态转移图编制

SFC 程序的运行规则：从初始步开始执行，当每步的转换条件成立时，当前步转为执行下一步，在遇到 END 指令时，结束所有步的运行。根据送料小车自动控制过程状态分析表（见表 3-2）及送料小车自动控制系统 PLC I/O 端口分配（见表 3-3），结合状态转移图的基本形式，编制出送料小车自动控制过程的状态转移图，如图 3-9 所示。

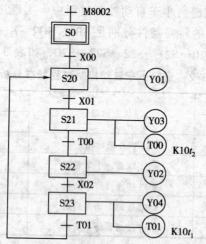

图 3-9　送料小车自动控制过程的状态转移图

课后练习

（1）什么是状态转移图？它由哪几部分构成？

（2）根据流程控制方式，状态转移图可分为几种基本结构？

（3）编制状态转移图前，应对步进顺序控制的哪几个方面进行分析？

（4）简述 SFC 程序的运行规则。

技能训练一　自动剪板机控制

能力目标

（1）学习利用 GX Developer 编程软件编辑状态转移图的方法；
（2）掌握编制简单步进顺控程序状态转移图的方法；
（3）具备根据控制要求独立分析、解决问题的科学创新能力；
（4）培养主动与他人合作的团队精神。

使用器材

计算机。

知识链接

在 GX Developer 编程软件中编辑状态转移图的方法

（1）启动 GX Developer 编程软件，单击"工程"菜单，选择"创建新工程"命令。
（2）在"创建新工程"对话框（见图 3-10）中，对如下项目进行选择，然后单击"确定"按钮。

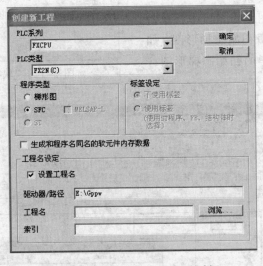

图 3-10　"创建新工程"对话框

① 在"PLC 系列"下拉列表框中选择 FXCPU。
② 在"PLC 类型"下拉列表框中选择 FX2N（C）。
③ 在"程序类型"项中选择 SFC 单选按钮。
④ 在"工程名设定"项中设置好工程名和驱动器/路径。
（3）对上述项目进行设置后，单击"确定"按钮，弹出块列表窗口，如图 3-11 所示。

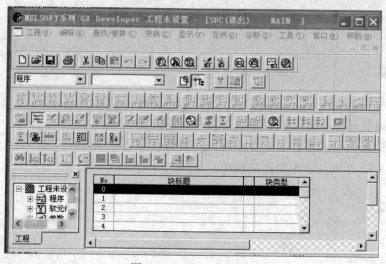

图 3-11　块列表窗口

（4）双击"任意块"后，弹出"块信息
设置"对话框，如图 3-12 所示，在对话框
中选择"梯形图块"单选按钮，完成对状态
转移图初始状态的激活，块标题可以选择不
填，然后单击"执行"按钮。

（5）在弹出的梯形图编辑窗口中，单击
右侧窗口的"0"行，编辑初始态梯形图，如
图 3-13 所示；输入完毕的初始态梯形图，
如图 3-14 所示。

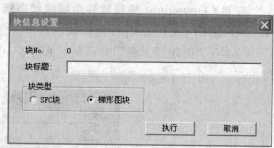

图 3-12　"块信息设置"对话框

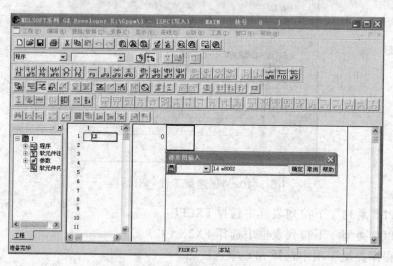

图 3-13　编辑初始态梯形图

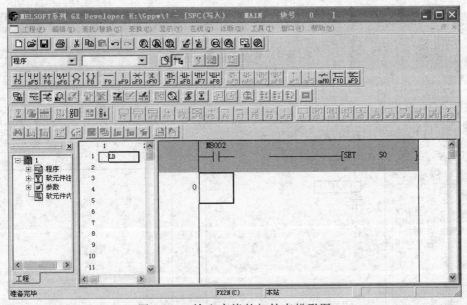

图 3-14　输入完毕的初始态梯形图

（6）单击"变换"菜单选择"变换"按钮或按【F4】，完成梯形图的变换，如图 3-15 所示。

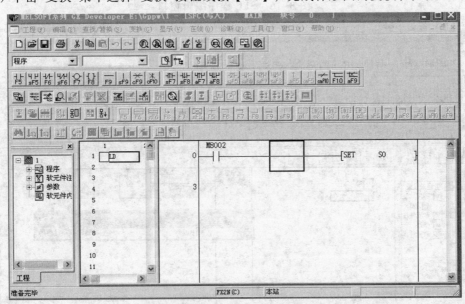

图 3-15　变换后的初始态梯形图

　　（7）完成初始态梯形图编辑后，单击"显示"菜单，选择"工程数据列表"命令，在左侧对话框中选择"程序"命令下的 MAIN 命令，弹出"块信息设置"对话框，如图 3-12 所示，选择"SFC 块"单选按钮，然后单击"执行"按钮，弹出 SFC 程序编辑窗口，如图 3-16 所示。

　　（8）转移条件的编辑。在 SFC 程序编辑窗口中，单击欲编辑的转换条件符号，屏幕右侧会弹出梯形图编辑窗口，在此窗口中可以输入状态转换条件的梯形图，如图 3-17 所示。

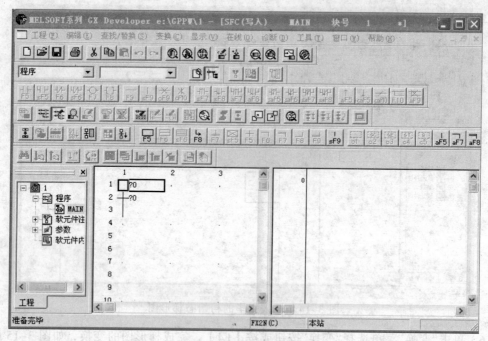

图 3-16　SFC 程序编辑窗口

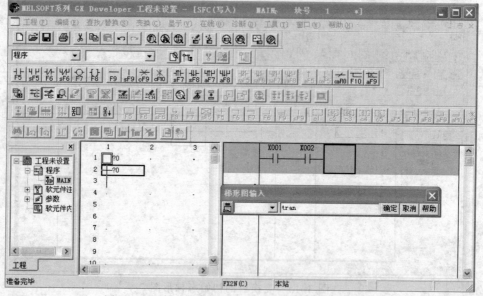

图 3-17　输入状态转移条件的 SFC 程序编辑窗口

　　转移条件梯形图的编辑是按 PLC 编程的要求进行的。需要注意的是，由于 X0 和 X1 触点是转换条件，因此，它们驱动的不是线圈，而是 TRAN 符号，意思是转移（Transfer）。每编辑完一个转换条件都应按【F4】进行变换，变换后的梯形图则由原来的灰色变成亮白色，完成变换后的 SFC 程序编辑窗口中编辑条件前面的问号（？）会消失，如图 3-18 所示。

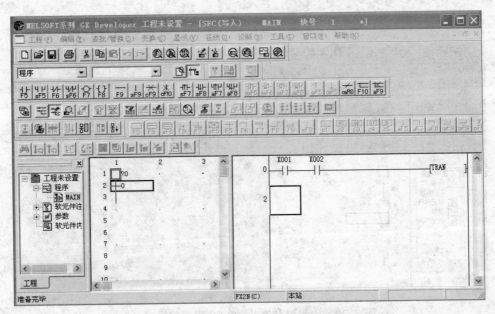

图 3-18 转移条件编辑完成的 SFC 程序编辑窗口

（9）一般状态步的编辑。在 SFC 程序编辑窗口的左侧，把光标下移到方向线底端，单击工具栏中的按钮 或按【F5】，弹出"SFC 符号输入"对话框，如图 3-19 所示。

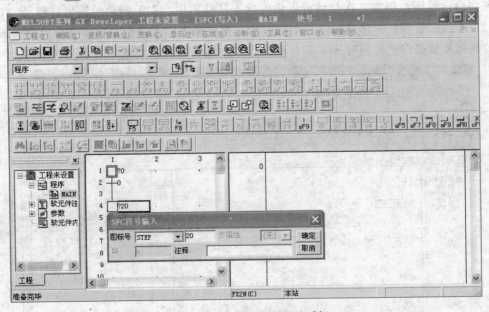

图 3-19 SFC 符号输入对话框

输入图标号后单击"确定"按钮，这时光标将自动向下移动，此时，可看到图标号前面有一个问号（?），表示该状态步当前还没有进行梯形图编辑，同时右边的梯形图编辑窗口呈现为灰色也表明为不可编辑状态，如图 3-20 所示。

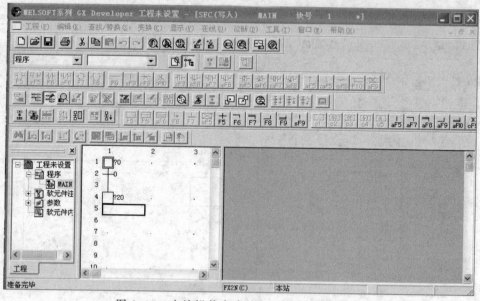

图 3-20 未编辑状态步的 SFC 程序编辑窗口

一般状态步的梯形图编程方法如下：首先，将光标移到图标号上单击，右边的窗口就变成可编辑状态；然后编辑该状态步的梯形图，这里的梯形图是指程序运行到该状态时所要驱动的那些输出线圈。例如，在自动剪板机的状态转移图中，S20 驱动的输出线圈是 Y0，如图 3-21 所示；最后，编辑完的每一个状态步，都要按【F4】进行变换，变换后的梯形图由原来的灰色变成亮白色，同时 SFC 程序编辑窗口中编辑条件前面的问号（？）会消失。

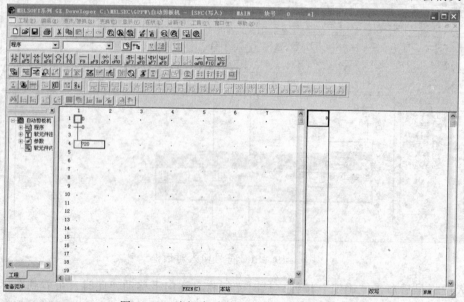

图 3-21 编辑自动剪板机 S20 的状态步

（10）系统循环或周期性的工作编辑。把光标移到方向线的最下端，按【F8】，在"SFC符号输入"对话框的"图标号"中选择"JUMP"命令，然后填入要跳转到的目的步序号，如图 3-22 所示，单击"确定"按钮。

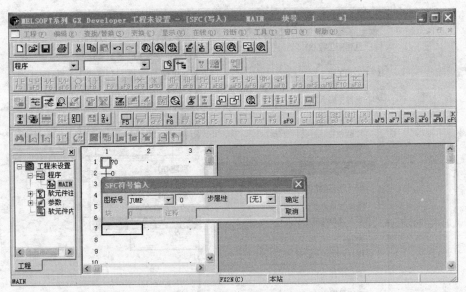

图 3-22　跳转符号输入的 SFC 程序编辑窗口

完成跳转符号输入的 SFC 编辑窗口中，有跳转返回指向的步序符号框图中多出一个小黑点，表明此工序步是跳转返回的目标步，如图 3-23 所示。

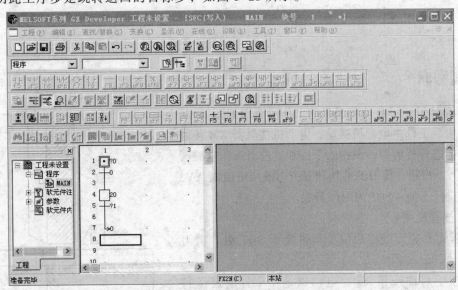

图 3-23　带有跳转符号的状态转移图

（11）程序数据类型变换。SFC 程序编辑完后，单击"变换"菜单，选择"变换"命令，经过变换（编译）的 SFC 程序，可以进行仿真实验或写入 PLC 进行调试。查看 SFC 程序所对应的顺序控制梯形图，可以通过单击"工程"菜单，选择"编辑数据"下的"改变程序类型"命令，进行数据改变，如图 3-24 所示，就可以看到由 SFC 程序变换成的梯形图程序。

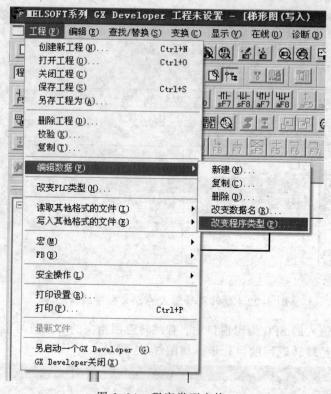

图 3-24　程序类型变换

控制要求

（1）总体说明：自动剪板机的工作示意图如图 3-25 所示。图中，工件由电动机拖动，电动机接触器 KM 接通时，工件前进等待剪切；压钳的下行和复位由液压电磁阀 YV1 和 YV2 控制；剪刀的剪切和复位由液压电磁阀 YV3 和 YV4 控制。SQ1～SQ5 为限位开关。

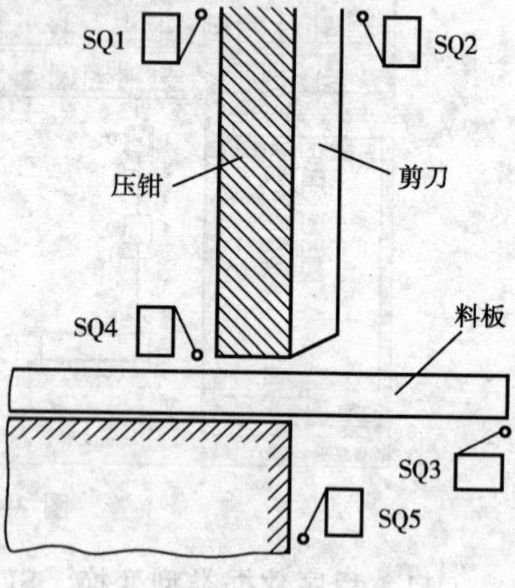

（2）过程说明：

① 压钳和剪刀处在原位（压钳处于 SQ1 处，剪刀处于 SQ2 处）；

② 按下启动按钮 SB，电动机拖动工件前进送料（KM 接通），工件前进移至 SQ3 处，压钳下行（YV1 接通）；

③ 压钳移至 SQ4 时，工件被夹紧，剪刀下行剪切工件（YV3 接通）；

图 3-25　自动剪板机的工作示意图

④ 被剪切好的工件落到 SQ5 时，压钳和剪刀同时上行复位（YV2 和 YV4 接通）。等待下一次启动再次工作。

（3）工作流程，如图 3-26 所示。

图 3-26　自动剪板机的工作流程图

操作步骤

（1）根据自动剪板机控制要求，进行 I/O 端口分配。

（2）设计自动剪板机的状态转移图：

① 分析自动剪析机的工作过程，编写工作过程状态表。

② 根据 I/O 端口分配及工作过程状态表，设计自动剪板机的状态转移图。

③ 展示自动剪板机的状态转移图方案，并分组讨论是否满足控制要求，对状态转移图进行修改。

（3）在 GX Developer 编程软件中编辑满足控制要求的自动剪板机的状态转移图。

操作总结

（1）填写自动剪板机 I/O 端口分配表，如表 3-4 所示。

表 3-4　自动剪板机 I/O 端口分配表

序　号	PLC 地址（PLC 端子）	电气符号（面板端子）	功 能 说 明
1			
2			
3			
4			
5			
6			
7			
8			
9			
10			
11			

（2）填写自动剪板机工作过程状态表，如表 3-5 所示。

表 3-5　自动剪板机工作过程状态表

状态（步）分配		状态输出	状态转移	
步序	状态继电器		转换条件	转移方向
初始步				
第一步				
第二步				
第三步				

续表

状态（步）分配		状态输出	状态转移	
步序	状态继电器		转换条件	转移方向
第四步				
第五步				

（3）画出满足控制要求的自动剪板机状态转移图；

（4）总结利用 GX Developer 编程软件编辑自动剪板机状态转移图的情况。

设计参考

假设自动剪板机的外部接线图如图 3-27 所示，则对应的状态转移图如图 3-28 所示。

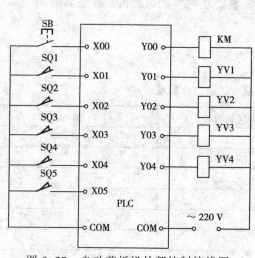

图 3-27　自动剪板机外部控制接线图

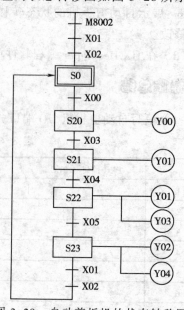

图 3-28　自动剪板机的状态转移图

课后回顾

状态转移图（Sequential Function Chart，SFC），是 PLC 的顺序控制程序设计的基础。它将复杂的顺序控制过程分为若干个状态，具有不同动作的相邻状态通过转换分隔，当转换条件满足时，也就实现了状态的转换，即下一个动作的开始就意味着上一个动作的结束。状态转移图由步、有向连线、转换、转换条件和动作或命令等几部分组成的，每个状态提供三个功能，即负载驱动（动作或命令）、指定转移方向和指定转换条件。

在 PLC 步进顺控程序设计过程中，状态转移图有单一流程、选择性分支与汇合流程、并行性分支与汇合流程、跳转与循环流程等基本形式。状态转移图的编制主要是在对每一步的状态分配、状态输出和状态转移做出合理分析的基础上完成的。

在利用 GX Developer 编程软件对状态转移图进行编辑时，需要注意两点：

（1）在 SFC 程序中仍然需要进行梯形图的设计；

（2）SFC 程序中所有的状态转移都使用 TRAN 表示。

第二节　步进顺控指令 STL/RET 及编程方法

学习目标

（1）了解步进顺控指令 STL/RET 的使用；
（2）理解状态转移图与步进梯形图的转换；
（3）掌握 STL/RET 指令的编程方法；
（4）学会用步进顺控指令编写步进顺控程序。

在工业控制领域中，许多控制过程都是用顺序控制的方式来实现的，步进顺控指令是专为顺序控制而设计的指令。FX2N 系列 PLC 提供了两条步进指令：STL（步进触点指令）和 RET（步进返回指令）。

一、步进指令 STL/RET 的使用

1. 步进顺控指令格式及功能（见表 3-6）

表 3-6　步进顺控指令格式及功能

指令名称	助记符	梯形图表示与可用软元件	指令功能	程序步长
步进转移开始	STL	┤├ S　S0～S899	顺序控制转移开始	1
步进转移结束	RET	RET	顺序控制转移复位	1

2. 使用说明

STL——通常情况下，STL 指令与状态寄存器配合使用，直接或间接地驱动 Y、M、S、T 等编程元件的线圈，其常开触点与左母线直接相连。STL 作用后相当于母线右移到其触点的右侧，因此，STL 右侧的起始触点需要使用 LD 或 LDI 指令。在同一控制程序中，同一编号的状态寄存器的 STL 触点只能使用一次，但同一编号的线圈可以在不同的 STL 触点后多次使用，即允许双线圈输出。需要注意的是，同一编号的定时器线圈不能在相邻的状态中出现，如图 3-29 所示。

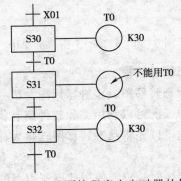

图 3-29　步进顺控程序中定时器的使用

95

第三章　步进顺控指令

RET——RET 指令表示状态流程的结束，在全部 STL 指令执行完毕后，通过 RET 指令可以使右移的母线返回原位。

💡 **注意**

（1）在步进顺控程序编制中，在 STL 指令内的母线中，MPS/MRD/MPP 指令只能在 LD 或 LDI 指令后使用。

（2）并不是所有的 PLC 基本逻辑指令都可用于 STL 指令内的子程序，表 3-7 列出了基本逻辑指令在 STL 指令内的使用情况。

表 3-7　基本逻辑指令在 STL 指令内的使用情况

状态		指　　　令		
		LD/LDI/LDP/LDF； AND/ANI/ANDP/ANDF； OR/ORI/ORF； SET/RST，PLS/PLF； INV，OUT	ANB/ORB； MPS/MRD/MPP	MC/MCR
初始状态和一般状态		可以使用	可以使用	不可以使用
分支、汇合状态	输出	可以使用	可以使用	不可以使用
	转移	可以使用	不可以使用	不可以使用

3. 应用实例

STL/RET 指令的应用如图 3-30 所示。

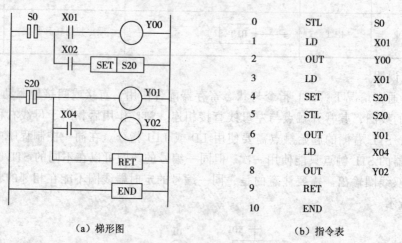

0	STL	S0
1	LD	X01
2	OUT	Y00
3	LD	X01
4	SET	S20
5	STL	S20
6	OUT	Y01
7	LD	X04
8	OUT	Y02
9	RET	
10	END	

（a）梯形图　　　　　　　　　　（b）指令表

图 3-30　STL/RET 指令的应用

二、状态转移图与步进梯形图的转换

同一步进顺控程序可以用状态转移图、步进梯形图及指令表来表示，且它们之间可以相互转换。在实际工业控制过程中，既可以利用编程软件编制状态转移图后通过接口以指令的形式直接实现对负载的控制，也可以先将状态转移图转化为梯形图再写成指令，通过简易编程器的输入实现对负载的控制。

状态转移图与步进梯形图转换时，只需使用状态寄存器的步进常开触点和步进返回指令

96

RET 即可，图 3-31 是同一步进顺控程序的状态转移图、步进梯形图和指令表。

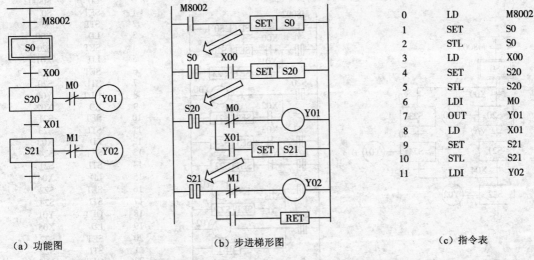

（a）功能图　　　　　　　　　　（b）步进梯形图　　　　　　　　　（c）指令表

图 3-31　同一步进顺控程序的状态转移图、步进梯形图和指令表

三、STL/RET 指令的编程方法

如前所述，状态转移图可以分为单一流程、选择性分支与汇合流程、并行性分支与汇合流程、跳转与循环流程等基本结构。在顺序控制系统中，任何复杂的控制流程都是这些基本结构的结合。下面介绍利用 STL/RET 指令将每种结构的状态转移图编制为对应的控制系统（步进控制）的梯形图。

1. 单一流程（见图 3-32）

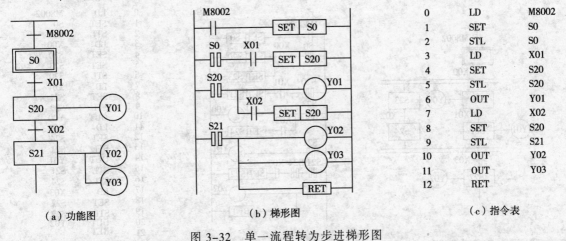

（a）功能图　　　　　　　　　　（b）梯形图　　　　　　　　　　　（c）指令表

图 3-32　单一流程转为步进梯形图

说明：图中在不同的 STL 触点后使用的输出继电器线圈 Y01，属于双线圈输出形式。

2. 选择性分支与汇合流程（见图3-33）

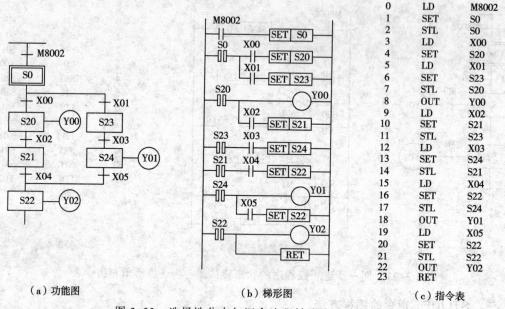

（a）功能图　　　　　（b）梯形图　　　　　（c）指令表

图3-33　选择性分支与汇合流程转为步进梯形图

说明：X00和X01为选择条件，所以状态寄存器S20和S23不能同时置位，但它们中只要有一个置位，S0立即自动复位；状态寄存器S22由S21或S24置位，S24置位后S21或S24立即自动复位。

3. 并行性分支与汇合流程（见图3-34）

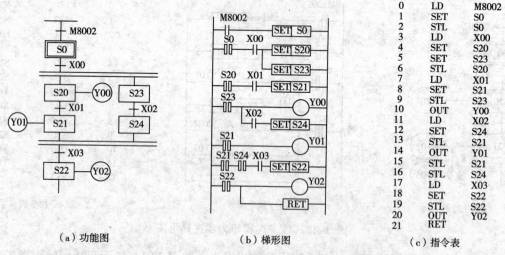

（a）功能图　　　　　（b）梯形图　　　　　（c）指令表

图3-34　并行性分支与汇合流程转为步进梯形图

说明：当X00接通时，S20、S23同时置位，两条分支开始工作的同时，S0立即自动复位；只有当S21和S24都处于置位状态且X03接通时，S22才能置位，与此同时S21和S24自动复位。

4. 跳转与循环流程（见图 3-35、图 3-36）

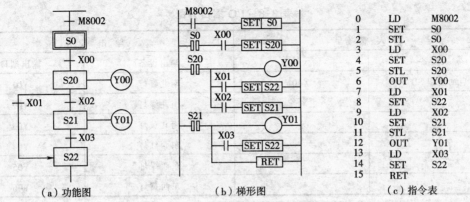

（a）功能图　　　　（b）梯形图　　　　（c）指令表

图 3-35　跳转流程转为步进梯形图

说明：S20 置位时，若 X01 接通，则跳过 S21，使 S22 置位，同时 S20 自动复位。

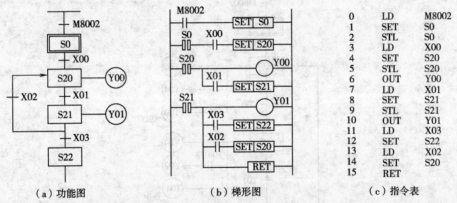

（a）功能图　　　　（b）梯形图　　　　（c）指令表

图 3-36　循环流程转为步进梯形图

说明：S21 置位时，若 X01 和 X02 均接
通，则进入循环状态。

四、编程实例

如图 3-37 是十字路口交通信号灯控制
系统的流程图。按下启动按钮 SD，信号灯
系统开始周而复始地按图中所示流程循环
工作。

根据交通信号灯控制系统的流程图，用
步进顺控指令实现该控制的具体步骤如下：

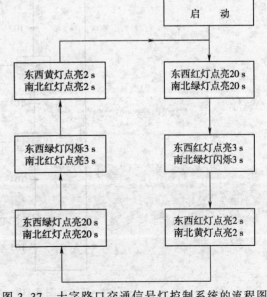

图 3-37　十字路口交通信号灯控制系统的流程图

第三章　步进顺控指令

1. I/O 端口分配（见表 3-8）

表 3-8　I/O 端口分配

输　入　部　分		输　出　部　分	
输入设备	输入端口	输出设备	输出端口
启动按钮 SD	X00	南北红灯	Y01
		南北绿灯	Y02
		南北黄灯	Y03
		东西红灯	Y04
		东西绿灯	Y05
		东西黄灯	Y06

2. 状态转移图（见图 3-38）

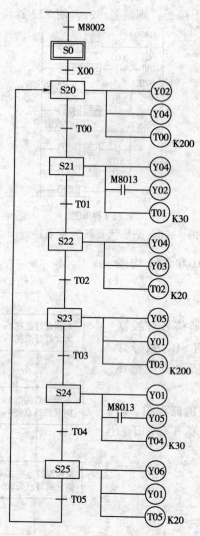

图 3-38　状态转移图

3. 梯形图与指令表（见图 3-39）

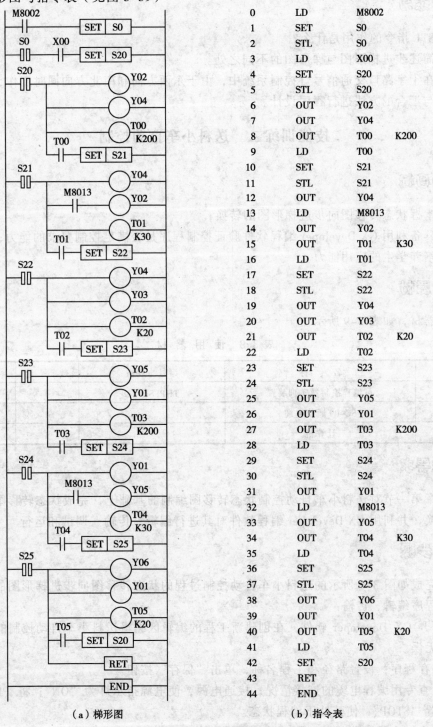

0	LD	M8002
1	SET	S0
2	STL	S0
3	LD	X00
4	SET	S20
5	STL	S20
6	OUT	Y02
7	OUT	Y04
8	OUT	T00 K200
9	LD	T00
10	SET	S21
11	STL	S21
12	OUT	Y04
13	LD	M8013
14	OUT	Y02
15	OUT	T01 K30
16	LD	T01
17	SET	S22
18	STL	S22
19	OUT	Y04
20	OUT	Y03
21	OUT	T02 K20
22	LD	T02
23	SET	S23
24	STL	S23
25	OUT	Y05
26	OUT	Y01
27	OUT	T03 K200
28	LD	T03
29	SET	S24
30	STL	S24
31	OUT	Y01
32	LD	M8013
33	OUT	Y05
34	OUT	T04 K30
35	LD	T04
36	SET	S25
37	STL	S25
38	OUT	Y06
39	OUT	Y01
40	OUT	T05 K20
41	LD	T05
42	SET	S20
43	RET	
44	END	

（a）梯形图　　　　　　　　（b）指令表

图 3-39　梯形图和指令表

课后练习

（1）STL 指令的作用是什么？

（2）简述步进梯形图与梯形图的不同之处。

（3）在十字路口交通信号灯控制系统中，由于东西方向和南北方向同时工作，尝试用并行性分支与汇合的方法进行程序设计。

技能训练二　送料小车自动控制

能力目标

（1）掌握状态转移图向步进梯形图的转换；

（2）具备利用 GX Developer 编程软件验证控制程序是否满足控制要求的能力；

（3）培养学生的应用能力。

使用器材

使用器材，如表 3-9 所示。

表 3-9　使　用　器　材

序　号	名　　称	型号与规格	数　量	备　注
1	可编程控制器实训装置	THPFSL-1/2	1	
2	SC-09 通信电缆		1	三菱
3	计算机		1	自备

操作要求

在本章第一节对送料小车自动控制状态转移图编制的基础上，完成状态转移图向步进梯形图的转换，并利用 GX Developer 编程软件对其进行编辑、传输、调试和运行。

操作步骤

（1）完成如图 3-9 所示的送料小车自动控制过程的状态转移图向步进梯形图的转换。

（2）程序编辑、传输：

① 打开 GX Developer 软件，在创建新工程的编辑区编辑送料小车自动控制的步进梯形图，直至无误。

② 保存程序：设置路径和工程名称，单击"保存"按钮。

③ 检查专用编程电缆的连接情况；接通电源，使电源指示灯为"ON"；将 PLC 的模式选择开关置"STOP"，使其处于编程状态。

④ 单击"在线"菜单，选择"传输设置"命令，对"串行 USB"进行串口详细设置，使"COM 端口"设置为 COM1，"传输速度"设置为 9.6 Kbps，其他保持默认值。

⑤ 单击"在线"菜单，选择"PLC 写入"命令，将程序下载到 PLC 中。

（3）程序调试运行：

① 将 PLC 的模式选择开关置 RUN，使其处于运行状态；

② 给出输入信号，观察运行结果。

（4）分组讨论程序运行结果是否与控制要求相符，并对送料小车自动控制程序进行优化。

操作总结

（1）画出操作中所用自动送料小车控制的外部接线图及步进梯形图；

（2）总结状态转移图向步进梯形图的转换方法。

设计参考

假设送料小车自动控制的外部接线图如图 3-40 所示，则对应的状态转换图如图 3-41 所示。

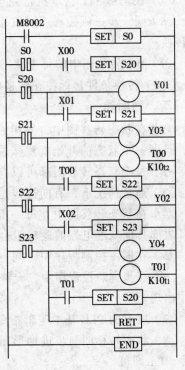

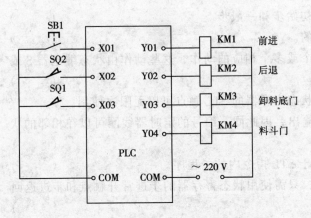

图 3-40　送料小车自动控制的外部接线图　　　　图 3-41　送料小车自动控制状态转移图

103

课后回顾

FX2N 系列 PLC 提供的两条步进指令：STL（步进触点指令）和 RET（步进返回指令），使复杂的控制过程通过转化为按顺序逐步实现的方式来完成。同一步进顺控程序可以用状态转移图、步进梯形图及指令表来表示，它们之间可以相互转换，大大方便了复杂的顺序控制程序的设计。

测 试

一、填空题

（1）状态转移图是描述控制系统的（　　　）、（　　　）和（　　　）的一种用状态继电器来描述工步转移的方框图。

（2）状态转移图由（　　）、（　　）、（　　）、（　　）和（　　）等几部分组成。

（3）根据流程控制方式，状态转移图可以分为（　　）流程、（　　）流程、（　　）流程和（　　）流程等基本结构。

（4）FX2N 系列 PLC 提供了两条步进指令，它们分别是（　　）和（　　）。

（5）通常情况下，STL 指令与（　　）配合使用。

（6）同一编号的线圈可以在不同的（　　）触点后多次使用。

（7）在全部 STL 指令执行完毕后，通过（　　）可以使右移的母线返回原位。

（8）同一步进顺控程序可以用（　　）、（　　）及（　　）来表示，且它们之间可以相互转换。

（9）状态转移图中的每个状态都包含三个要素，它们分别是（　　）、（　　）和（　　）。

（10）转换条件常标注在转换的旁边，可以用（　　）、（　　）或（　　）来表示。

二、判断题

（1）在状态转移图中，当相邻两个状态之间的转换条件得到满足时，才能实现状态的转换，且下一个状态的开始就意味着上一个状态的结束。（　　）

（2）每个状态转移图都可以有任意个初始步和一般步。（　　）

（3）通常情况下，有向连线是有箭头的。（　　）

（4）在状态转移图中，每一步都有一个或多个相应的动作，这些动作由状态继电器 S 或 PLC 内部其他软继电器的逻辑组合来驱动。（　　）

（5）在同一控制程序中，同一编号的状态寄存器的 STL 触点可以无限次使用。（　　）

（6）在步进顺控程序中，允许双线圈输出，因此同一编号的定时器线圈可以在相邻的状态中出现。（　　）

（7）所有的 PLC 基本逻辑指令都可用于 STL 指令内的子程序。（　　）

（8）状态转移图与步进梯形图转换时，只需使用状态寄存器的步进常开触点和步进返回指令 RET 即可。（　　）

三、程序及设计题

（1）根据所给状态转移图，如图 3-42 所示，写出对应的梯形图和指令表程序。

（2）液压滑台的工作循环分成原位、快进、工进、延时停留和快退等五个工步，它们的转换条件分别为 SB、SQ2、SQ3、KT 和 SQ1。当滑台处于原位时，限位开关 SQ1 动作，电磁阀 YV1、YV2、YV3 均为断电状态；按下启动按钮 SB，电磁阀 YV1 得电，滑台快进；在滑台快进过程中，当限位开关 SQ2 动作时，电磁阀 YV2 也得电，滑台由快进转为工进；在滑台工进过程中，当限位开关 SQ3 动作时，电磁阀 YV1、YV2 断电，滑台停留下来，同时时间继电器 KT 开始计时；在滑台停留过程中，经过 KT 的延时时间（10 s），KT 的常开触点闭合，电磁阀 YV3 得电，滑台快速退回，直到原位停止。滑台的动作流程如图 3-43 所示，试利用步进顺控指令设计液压滑台的 PLC 控制程序。

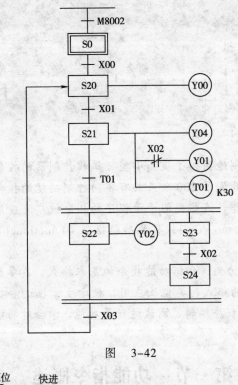

图　3-42

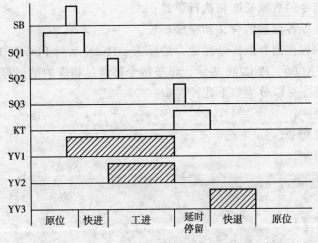

图　3-43

第四章

功能指令

20 世纪 80 年代，PLC 制造商为了提高小型可编程控制器的控制能力，在基本指令、步进顺控指令的基础上，逐步开发了 200 余条具有不同控制功能的指令，用以执行数据传送、运算、变换及程序控制等操作，这些类似于子程序的指令被广泛应用在 PLC 的程序设计中，大大地提高了 PLC 的实用价值，它们被称为功能指令（Functional Instruction）或应用指令（Applied Instruction）。

本章以 FX2N 系列 PLC 为例，介绍功能指令的基本格式、各参数的含义和程序步长，重点讲解几种常用的功能指令的格式、类型及应用，使学生掌握这些功能指令的编程方法，借助 GX Developer 编程软件的程序编辑、调试运行等功能，学会对功能指令梯形图的编辑，进一步体会功能指令的编程优势。

第一节　功能指令概述

学习目标

（1）了解功能指令的基本格式；

（2）理解功能指令的数据长度和执行形式；

（3）掌握功能指令各参数的含义和程序步长。

功能指令是可编程控制器数据处理能力的标志。FX2N 系列 PLC 有 128 条功能指令，它们分别用功能符号 FNC00 ~ FNC246 表示，每条指令都通过相应的助记符来表示其功能意义。通常情况下，功能指令可以分为如下几种类型：

（1）程序流程指令；

（2）传送与比较指令；

（3）四则运算指令；

（4）循环移位指令；

（5）数据处理指令；

（6）高速处理指令；

（7）方便指令；

（8）外部输入/输出指令；

（9）外围设备通信指令；

（10）浮点数指令；

（11）定位指令；

（12）时钟指令；

（13）触点比较指令。

一、功能指令的基本格式

FX2N 系列 PLC 的功能指令在梯形图中是利用功能框来表示的，该功能框包括助记符/功能号和操作元件，其中，操作元件包括源操作数、目标操作数和其他操作数的元件。图 4-1 是功能指令的基本格式。

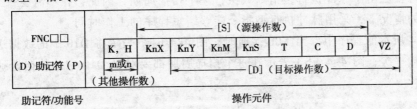

图 4-1　功能指令的基本格式

在使用时，大多数功能指令都需要指定的助记符/功能号和操作元件，仅少数功能指令只使用指定的助记符/功能号。图 4-2 是功能指令的梯形图示例，D0 和 D2 是源操作数，D4 是目标操作数，X00 是执行条件。当 X00 由 OFF→ON 时，执行 SUB 指令，[S1·]指定的元件中的数减去[S2·]指定的元件中的数，结果送到[D·]指定的目标元件中，即（D0）−（D2）→（D4）。

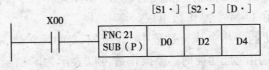

图 4-2　功能指令的梯形图示例

二、功能指令的含义

在图 4-1 所示功能指令的基本格式中，各参数的含义如下：

1. 功能代号 FNC□□

每条功能指令都有不同的 FNC 编号。如 FNC00 表示条件转移（CJ），FNC10 表示比较（CMP）FNC40 表示成批复位（ZRST）等。

2. 助记符

每条功能指令的助记符都是它的英文缩写，便于使用者了解该指令的功能。如除法的英文是 DIVIDE，因此用"DIV"表示除法指令。

3. 数据长度

助记符/功能号区的（D）用来表示功能指令所能处理的数据长度。数据按照字长有 16 位和 32 位之分，因此，若在助记符/功能号区有（D）表示，则该指令可处理 32 位数据，否则表示处理 16 位数据。在处理 32 位数据时，常用相邻的两个元件组成元件对，习惯上常用偶数作为元件对的首元件地址编号。在图 4-3 所示处理 32 位数据的程序中，当 X00 接通时，D10、D11 中的数据被分别送到 D12、D13 中。

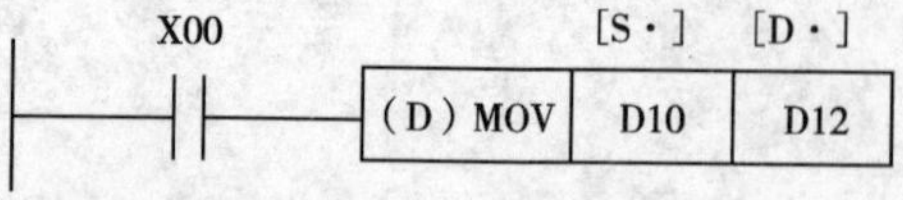

图 4-3   数据的长度示例

4. 执行形式

助记符/功能号区的（P）用来表示功能指令的执行形式，FX2N 系列 PLC 有连续执行型和脉冲执行型两种执行形式。若在助记符/功能号区有（P），表示该指令为脉冲执行型；否则表示连续执行型。由于脉冲执行型指令只执行一个扫描周期，因此，在不需要每个扫描周期都执行指令的情况下，采用脉冲执行型指令能够缩短程序的工作时间。

如图 4-4 所示的程序中，当 X00 接通时，图 4-4（a）表示将 D10 中的数据送到 D12 中的操作只执行一次；图 4-4（b）表示在每个扫描周期都要对将 D10 中的数据送到 D12 中的操作重复执行。

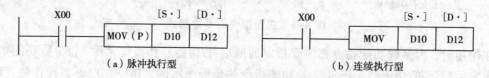

（a）脉冲执行型   （b）连续执行型

图 4-4   功能指令执行形式示例

5. 操作元件

操作元件主要用来存放与功能指令相关的数据，即源操作数、目标操作数和其他操作数。通常情况下，操作元件由 1～4 个操作数组成。

（1）源操作数：在功能指令执行过程中，内容不变的操作数，称为源操作数，在指令框图中用[S]来表示。当使用变址功能时，源操作数可以表示为[S·]；当存在多个源操作数时，表示为[S1·]、[S2·]……

（2）目标操作数：在功能指令执行过程中，内容发生变化的操作数，称为目标操作数，在指令框图中用[D]来表示。当使用变址功能时，目标操作数可以表示为[D·]；当存在多个目标操作数时，表示为[D1·]、[D2·]……

（3）其他操作数：在功能指令中，作为源操作数或目标操作数的补充项目，也可以表示常数的操作数，称为其他操作数，在指令框图中用 m 或 n 来表示。当表示常数时，用 K 表示十进制，用 H 表示十六进制；当表示多个补充项目时，表示为 m1、m2……或 n1、n2……若存在变址功能，则加 "·"。

6. 位元件的组合

（1）位元件和字元件：在功能指令中，X、Y、M、S 称为位元件；T、C、D、V、V、Z 称为字元件，其中 T 和 C 分别用来表示定时器和计数器的当前值寄存器。

（2）位元件的组合：位元件可以组合成字元件，且每四位位元件可以组合成一个单元组，用 "Kn + 首元件号" 来表示。功能指令基本格式中的 KnX、KnY、KnM 和 KnS 都可以表达一个十进制数，其中 n 是组数。例如，K1X10 表示由 X10～X13 构成的一个四位组，K2X10 表示由 X10～X17 构成的两个四位组，依此类推。

108

处理 16 位数据时，n 的取值范围是 1~4；处理 32 位数据时，n 的取值范围是 1~8。以 KnX10 为例，要获得 16 位数据需要用 K4X10；要获得 32 位数据需要用 K8X10；当 n 取值大于数据位数时，只传送相应的低位数据；当 n 取值小于数据位数时，不足部分置"0"。

7. 变址寄存器 V、Z

变址寄存器是用于运算操作数地址修改的 16 位数据寄存器。在进行 32 位数据运算时，常将 V 和 Z 结合在一起，V 作高 16 位，Z 作低 16 位，构成（V、Z）组合。图 4-5 是变址寄存器的应用。图中，X00 接通时，K20 送到 V；X01 接通时，K10 送到 Z；X02 接通时，执行减法操作，将源操作数（D10V）的内容-（D5Z）的内容→目标操作数（D15Z）中，即（D30）-（D15）→（D20）。

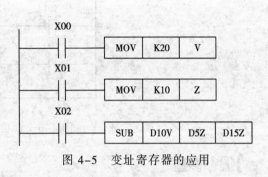

图 4-5　变址寄存器的应用

三、功能指令的程序步长

执行功能指令所需的步数，称为功能指令的程序步长。通常情况下，功能号/助记符占一个程序步长，每个 16 位操作数占两个程序步长，每个 32 位操作数占四个程序步长，故 16 位操作指令的程序步长为 7，32 位操作指令的程序步长为 13。

📖 课后练习

（1）功能指令有几大类？各是什么？
（2）简述功能指令的基本格式及各参数的含义。
（3）说明 K3X10 和 K8M10 的意义。
（4）什么是变址寄存器？它是如何对 32 位数据进行处理的？
（5）如何规定功能指令各组成部分的程序步长？
（6）功能指令有哪几种执行形式？

技能训练一　定时器设定值赋值

🖥 能力目标

（1）掌握利用 GX Developer 编程软件编辑含功能指令梯形图的方法；
（2）具备应用所学独立解决问题的能力；
（3）培养主动与他人合作的团队精神。

📱 使用器材

计算机。

🌐 编辑要求

在 GX Developer 编程软件中，正确编辑如图 4-6 所示的梯形图程序。

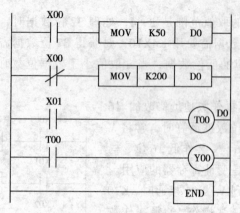

图 4-6 含功能指令梯形图程序

操作步骤

（1）打开 GX Developer 编程软件，单击"工程"菜单，选择"创建新工程"命令或单击"新建工程"按钮。

（2）在"创建新工程"对话框（见图 4-7）中，对如下项目进行选择，然后单击"确定"按钮。

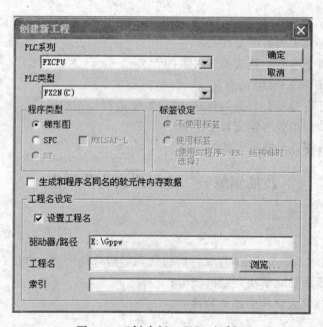

图 4-7 "创建新工程"对话框

① 在"PLC 系列"下拉列表框中选择 FXCPU。

② 在"PLC 类型"下拉列表框中选择 FX2N（C）。

③ 在"程序类型"项中选择"梯形图"单选按钮。

④ 在"工程名设定"项中设置好工程名和驱动器/路径。

（3）在弹出的梯形图程序编辑界面（见图 4-8）中，进行程序编辑。

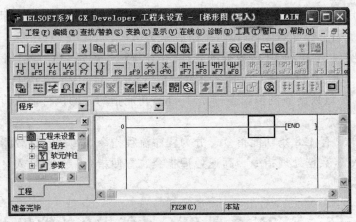

图 4-8　程序编辑界面

① 基本指令的编辑；利用工具条完成基本指令的编辑；

② 功能指令的编辑：在工具条中单击 ▒ 按钮，弹出如图 4-9 所示对话框，输入 MOV　K50 D0，单击"确定"按钮，即完成一条功能指令的编辑。

图 4-9　"梯形图输入"对话框

（4）在 GX Developer 编程软件中，完成要求编辑的梯形图，如图 4-10 所示。

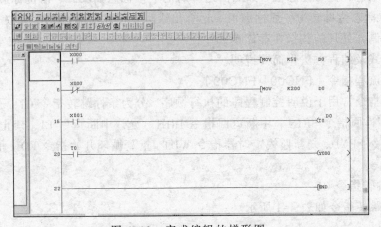

图 4-10　完成编辑的梯形图

 操作总结

（1）组内同学分享利用 GX Developer 编程软件编辑含功能指令梯形图的体会；

（2）总结在 GX Developer 编程软件编辑含功能指令梯形图的有效方法。

课后回顾

可编程控制器的功能指令又称应用指令，在梯形图中用功能框表示。功能框由助记符/

功能号和操作元件两部分组成，其中，指令的功能通过相应的助记符来表示；操作元件用来存储源操作数[S]、目标操作数[D]和其他操作数 m 或 n。

功能指令能实现 16 位和 32 位数据的处理。由于 FX2N 系列 PLC 是使用 4 位 BCD 码表示 1 位十进制数据，因此在位元件组合成字元件（以"Kn + 首元件号"）时，16 位数据 n 的取值范围是 1~4，32 位数据 n 的取值范围是 1~8。功能指的令的执行形式有连续执行型和脉冲执行型两种。

FX2N 系列 PLC 有 128 条功能指令，分为程序流程指令、传送与比较指令、四则运算指令、循环移位指令、数据处理指令、高速处理指令、方便指令、外部输入／输出指令、外围设备通信指令等类型。

第二节　FX2N 系列 PLC 功能指令的编程方法

学习目标

（1）了解功能指令操作过程中的标志位；

（2）理解 FX2N 系列可编程控制器各类功能指令的数据形式；

（3）掌握 FX2N 系列可编程控制器常用功能指令的编程方法。

可编程控制器的功能指令数量繁多，它们被广泛地应用在 PLC 的程序设计中，提高了 PLC 的工控能力。在功能指令的执行过程中，有些指令的操作结果会直接影响某些特殊辅助继电器或寄存器的状态，称为标志位，如加法运算时的进位标志 M8022、借位标志 M8021 和零标志 M8020 等。标志位可分为一般标志位、运算出错标志位和功能扩展标志位三种。

可编程控制器处理的数据在存储单元中流传的过程复杂，本节将对几种常用功能指令的格式、数据形式及编程方法作简要说明。

一、程序流程指令（FNC00 ~ FNC09）

程序流向指令常用于说明控制程序的执行顺序，分为条件跳转指令 CJ、子程序调用指令 CALL、子程序返回指令 SRET、中断返回指令 IRET、允许中断指令 EI、禁止中断指令 DI、主程序结束指令 FEND、刷新监视定时器指令 WDT、重复循环开始指令 FOR 和重复循环结束指令 NEXT。

1. 条件跳转指令 CJ

（1）条件跳转指令如表 4-1 所示。

表 4-1　条件跳转指令

指令名称	助记符	功能号	操作数（指针）	程序步长	备注
条件跳转	CJ 或 CJ（P）	FNC00	P0 ~ P127（P63 为 END，不作操作数）	CJ 或 CJ（P）：3 步 标号 P□□：1 步	16 位指令

注：CJ 为连续执行形式；CJ（P）为脉冲执行形式。

（2）基本应用。条件跳转指令常用于手动和自动控制的切换程序中，它在 PLC 控制程序中的基本应用如图 4-11 所示。当 X00 接通时，程序跳转到标号 P30 处；若 X00 断开，程序顺序执行。

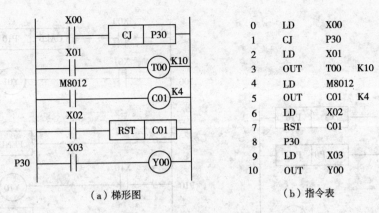

0	LD	X00
1	CJ	P30
2	LD	X01
3	OUT	T00 K10
4	LD	M8012
5	OUT	C01 K4
6	LD	X02
7	RST	C01
8	P30	
9	LD	X03
10	OUT	Y00

（a）梯形图　　　　　　　　（b）指令表

图 4-11　条件跳转指令应用

（3）使用说明：

① 跳转分有条件跳转和无条件跳转两种。由于 PLC 运行时特殊继电器 M8000 始终为 ON，所以使用 M8000 作为执行条件的跳转是无条件跳转；图 4-11（a）为有条件跳转。

② 同一标号在同一程序段中只能使用一次，但允许两条跳转指令使用同一标号，如图 4-12 所示。

③ 梯形图改写成语句表时，标号占一行，如图 4-11（b）所示。

④ 在图 4-11 中，若 X00 接通，即使 X01 也接通，定时器 T00、计数器 C01 值也都保持不变。

2. 子程序调用 CALL 和子程序返回指令 SRET

（1）子程序调用与返回指令如表 4-2 所示。

表 4-2　子程序调用与返回指令

指令名称	助记符	功能号	操作数（指针）	程序步长	备注
子程序调用	CALL 或 CALL（P）	FNC01	P0～P127（P63 为 END，不作操作数）	CALL 或 CALL（P）：3 步 标号 P□□：1 步	最多允许五级嵌套
子程序返回	SRET	FNC02	无	1 步	

注：CALL 为连续执行形式；CALL（P）为脉冲执行形式。

（2）基本应用。子程序调用指令常用于优化结构的控制程序中，它在 PLC 控制程序中的基本应用如图 4-13 所示，图中 FEND 为主程序结束指令。X00 接通时，子程序调用指令使程序跳到标号 P10 处，子程序被调用执行；子程序执行到返回指令 SRET 时，返回到主程序 100 步处，继续执行主程序。X00 断开时，主程序顺序执行。

（3）使用说明：

① 被调用的子程序应该写在主程序结束指令 FEND 之后；

② 在同一程序段中，同一标号只能使用一次，且被条件跳转指令 CJ 使用过的标号不能再被重复使用；

③ 不同的 CALL 指令可以调用同一标号的子程序；

④ 被调用的子程序，可以再通过 CALL 指令调用其他子程序，形成嵌套结构，且最多允许五级嵌套。

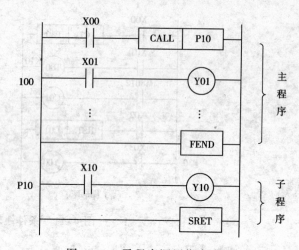

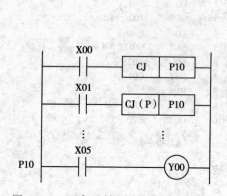

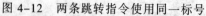

图 4-12　两条跳转指令使用同一标号

图 4-13　子程序调用指令应用

　　图 4-14 为两级子程序嵌套结构，图中，X00 断开时，顺序执行主程序。X10 接通时，子程序 1 被调用执行，若 X20 断开,执行延时 20 s 的子程序 1 直到执行 SRET 指令，返回主程序 100 步处；若 X20 接通，子程序 2 被调用，执行延时 30 s 的子程序 2 直到执行 SRET 指令，返回 126 步处顺序执行子程序 1。

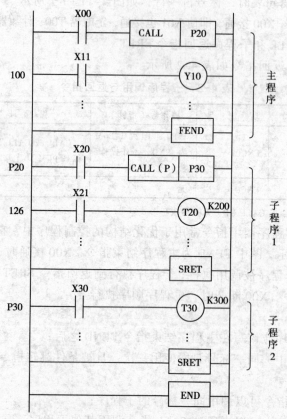

图 4-14　两级子程序嵌套结构

3. 中断指令 EI、DI 和 IRET

（1）中断指令如表 4-3 所示。

表 4-3　中　断　指　令

指令名称	助记符	功能号	操作数（指针）	程序步长	备注
允许中断	EI	FNC04	无	1步	输入继电器 X00～X05
禁止中断	DI	FNC05	无	1步	或定时器作为中断信号；
中断返回	IRET	FNC03	无	1步	允许两级嵌套

（2）基本应用。通常情况下，PLC 处于禁止中断状态，中断指令的基本应用如图 4-15 所示。图中，程序执行到允许中断区域（EI 到 DI 区间），若中断信号 X00 或 X01 接通，程序转去执行相应的中断子程序 1 或 2，直到中断返回指令 IRET 被执行，返回断点继续执行主程序。中断指针 I001 和 I101 分别在输入继电器 X00 和 X01 的脉冲上升沿有效。

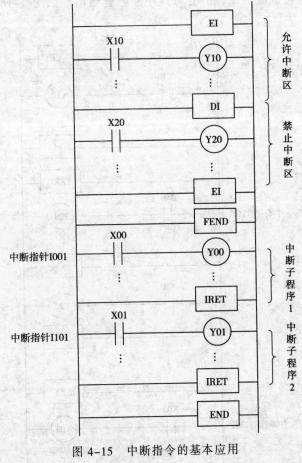

图 4-15　中断指令的基本应用

（3）使用说明：

① 中断子程序应该写在主程序结束指令 FEND 之后。

② 中断禁止特殊辅助继电器置"1"时，相应的中断子程序不能被执行，如表 4-4 所示。

表 4-4　中　断　指　针

输入信号	指 针 标 号		中断禁止特殊辅助继电器
	上升沿中断	下降沿中断	
X00	I001	I000	M8050
X01	I101	I100	M8051
X02	I201	I200	M8052
X03	I301	I300	M8053
X04	I401	I400	M8054
X05	I501	I500	M8055

③ 一个中断子程序被执行时，其他中断都会被禁止；当多个中断信号同时产生时，中断指针较低的子程序优先执行。

④ 在中断程序中可以编入 EI 和 DI 形成中断嵌套结构，如图 4-16 所示。中断嵌套最多允许两级。

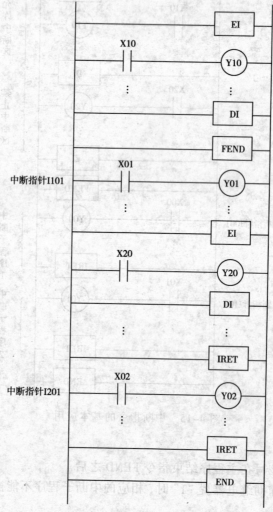

图 4-16　中断指令嵌套结构

⑤ 在禁止中断区域（DI 到 EI 区间），产生的中断信号被存储，并在下一个 EI 指令之后被执行。

4. 主程序结束指令 FEND

（1）主程序结束指令如表 4-5 所示。

表 4-5　主程序结束指令

指 令 名 称	助 记 符	功 能 号	操作数（指针）	程 序 步 长	备　注
主程序结束	FEND	FNC06	无	1 步	结束指令

（2）基本应用。主程序结束指令 FEND 与结束指令 END 的功能相同，程序执行到 FEND 指令，进行输出、输入及定时器刷新处理后，返回控制程序的 0 步处。主程序结束指令的基本应用如图 4-17 所示，其中，图 4-17（a）是 FEND 在条件跳转指令 CJ 中的应用（FEND 作为主程序和跳转程序的结束指令），图 4-17（b）是 FEND 在子程序调用指令 CALL 中的应用（FEND 只作为主程序的结束指令）。

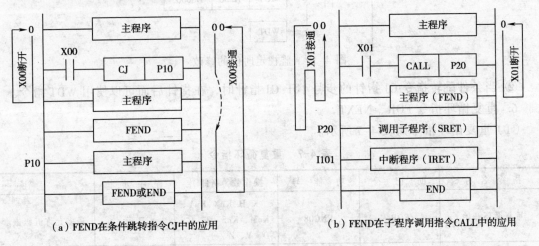

（a）FEND在条件跳转指令CJ中的应用　　　（b）FEND在子程序调用指令CALL中的应用

图 4-17　主程序结束指令的基本应用

（3）使用说明：

① 程序段中的全部主程序（含跳转程序）都要写在主程序结束指令 FEND 之前；

② 调用的子程序和中断程序，都应该写在主程序结束指令 FEND 和结束指令 END 之间。

5. 刷新监视定时器指令 WDT

（1）刷新监视定时器指令如表 4-6 所示。

表 4-6　刷新监视定时器指令

指 令 名 称	助 记 符	功 能 号	操作数（指针）	程 序 步 长	备　注
刷新监视定时器	WDT 或 WDT（P）	FNC07	无	1 步	连续/单步执行

注：WDT 为连续执行形式；WDT（P）为脉冲执行形式，即单步执行形式。

（2）基本应用。刷新监视定时器指令常用来说明 PLC 的运行周期是否超过规定的扫描周期值，即监视定时器规定的数值，当扫描周期超出这个数值时，PLC 就会停止运行。对于 FX2N 系列 PLC，监视定时器规定的数值为 200 ms。图 4-18 是刷新监视定时器指令的基本应用。

图中，WDT 指令将扫描周期为 300 ms 的控制程序分开，使分开的两个程序的扫描周期都控制在监视定时器 D8000 规定的数值内，保证程序顺序执行。

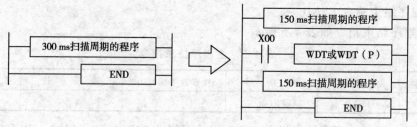

图 4-18　刷新监视定时器指令的基本应用

（3）使用说明：

① 监视定时器 D8000 的内容，可以利用 MOV 指令进行修改，如图 4-19 所示。

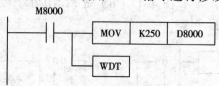

图 4-19　监视定时值的修改

② 当条件跳转指令 CJ 指针的步号小于 CJ 指针时，在指针后面可以使用 WDT 指令。

6. 重复循环指令 FOR、NEXT

（1）重复循环指令如表 4-7 所示。

表 4-7　重复循环指令

指 令 名 称	助 记 符	功 能 号	操作数（指针）	程 序 步 长	备　注
重复循环开始	FOR	FNC08	K、H、KnX、KnY、KnM、KnS、T、C、D、V、Z	3 步	最多允许五级嵌套
重复循环结束	NEXT	FNC09	无	1 步	

（2）基本应用。循环指令常用于控制程序的重复执行，图 4-20 是重复循环指令的基本应用。图中，位于 FOR…NEXT 之间的程序重复执行五次后，再执行 NEXT 指令之后的程序。

（3）使用说明：

① 在程序段中，FOR 和 NEXT 必须成对使用，且相邻最近的配成一对；

② 在 FOR 和 NEXT 指令之间，不能使用 FEND 指令；

③ 循环次数 n 的取值范围是 1～32 767 之间，当 n 取 -32 767～0 时，n 作为 1 处理；

④ 循环指令 FOR…NEXT 能够形成嵌套结构，且最多允许五级嵌套。图 4-21 是循环指令的两级嵌套结构。

当 X00 断开时，循环体 A 重复执行四次后，步 80 后面的程序才能被执行；在每次执行 A 的过程中，循环体 B 都被重复执行两次，即直到执行步 80 后面的程序，B 总共执行了 2×4=8 次。当 X00 接通时，利用条件跳转指令 CJ 能够跳出循环体 B。

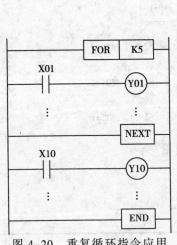

图 4-20 重复循环指令应用

图 4-21 循环指令的两级嵌套结构

⑤ 循环使 PLC 的扫描周期延长，可能会出现大于监视定时器值的情况，导致程序无法运行，因此，编程时要合理选择循环次数 n。

二、传送与比较指令

FX2N 系列 PLC 有 10 条传送指令，用以实现对数据的处理。它们分别是：比较指令 CMP、区间比较指令 ZCP、传送指令 MOV、位传送指令 SMOV、反相传送指令 CML、块传送指令 BMOV、多点传送指令 FMOV、数据交换指令 XCH、BCD 码变换指令 BCD、二进制变换指令 BIN。

1. 比较指令 CMP

（1）比较指令如表 4-8 所示。

表 4-8 比 较 指 令

指令名称	助记符	功能号	操作数（指针）			程序步长	备注
			[S1·] [S2·]		[D·]		
比较	（D）CMP（P）	FNC10	K、H、KnX、KnY、KnM、KnS、T、C、D、V、Z		Y、M、S	16 位：7 步；32 位：13 步	16/32 位指令；连续/脉冲执行

注：CMP 为连续执行形式；CMP（P）为脉冲执行形式。

（2）基本应用。比较指令常用于将两个源操作数的比较结果送到目标元件中，图 4-22 是比较指令的基本应用。图中，[S1·] 和 [S2·] 的数据进行比较，比较结果送到[D·]中，当 X00 断开时，比较指令 CMP 不执行，M00、M01 和 M02 都保持原状态。当 X00 接通时，若 200＞T00 的当前值，M00 置"1"；若 200＝T00 的当前值，M01 置"1"；若 200＜T00 的当前值，M02 置"1"。

（3）使用说明：

① 比较指令是一条有三个操作数的指令，源操作数均为二进制数，可带符号进行比较；

② 使用 RST 和 ZRST 指令，可以清除比较结果。

119

第四章 功能指令

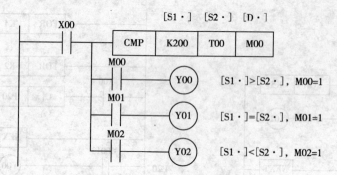

图 4-22　比较指令的基本应用

2. 区间比较指令 ZCP

（1）区间比较指令如表 4-9 所示。

表 4-9　区间比较指令

指令名称	助记符	功能号	操作数（指针）		程序步长	备　　注
			[S1·][S2·][S·]	[D·]		
区间比较	（D）ZCP（P）	FNC11	K、H、KnX、KnY、KnM、KnS、T、C、D、V、Z	Y、M、S	16 位：7 步；32 位：13 步	16/32 位指令；连续/脉冲执行

注：ZCP 为连续执行形式；ZCP（P）为脉冲执行形式。

（2）基本应用。区间比较指令常用于将一个源操作数与另外两个源操作数比较的结果送到目标操作元件中，图 4-23 是区间比较指令的基本应用。图中，[S·]分别与 [S1·]、[S2·]的数据进行比较，比较结果送到[D·]中，当 X00 断开时，区间比较指令 ZCP 不执行，M00、M01 和 M02 都保持原状态。当 X00 接通时，若 200＞T00 的当前值，M00 置"1"；若 200≤ T00 的当前值≤300，M01 置"1"；若 300＜T00 的当前值，M02 置"1"。

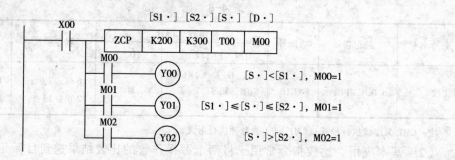

图 4-23　区间比较指令的基本应用

（3）使用说明：

① 区间比较指令是一条有四个操作数的指令，源操作数均为二进制数，可带符号进行比较；

② 源操作数[S1·] 应小于[S2·]。

3. 传送指令 MOV

（1）传送指令如表 4-10 所示。

表 4-10　传 送 指 令

指令名称	助记符	功能号	操作数（指针）		程序步长	备注
			[S·]	[D·]		
传送	（D）MOV（P）	FNC12	K、H、KnX、KnY、KnM、KnS、T、C、D、V、Z	K、H、KnY、KnM、KnS、T、C、D、V、Z	16 位：5 步；32 位：9 步	16/32 位指令；连续/脉冲执行

注：MOV 为连续执行形式；MOV（P）为脉冲执行形式。

（2）基本应用。传送指令常用于将源操作数传送到指定的目标元件中，图 4-24 是传送指令的基本应用。当 X00 断开时，传送指令 MOV 不执行，D00 数据保持不变；当 X00 接通时，K200 自动转化成二进制数传送到 D00 中。

图 4-24　传送指令的基本应用

（3）使用说明：

① 源操作数在传送过程中，自动转换成二进制数；

② 当源操作数是变数时，要用脉冲传送型指令 MOV（P）编程。

4. 位传送指令 SMOV

（1）位传送指令如表 4-11 所示。

表 4-11　位 传 送 指 令

指令名称	助记符	功能号	操作数（指针）		程序步长	备注
			[S·]	[D·]		
位传送	SMOV/SMOV（P）	FNC13	K、H、KnX、KnY、KnM、KnS、T、C、D、V、Z	KnY、KnM、KnS、T、C、D、V、Z	16 位：11 步	16 位指令；连续/脉冲执行

注：SMOV 为连续执行形式；SMOV（P）为脉冲执行形式。

（2）基本应用。位传送指令常用于数据的重新分配或组合，图 4-25 是位传送指令的基本应用。当 X00 断开时，位传送指令 SMOV 不执行，D01 数据保持不变；当 X00 接通时，源操作数（D00 中的二进制数据自动转换成 BCD 码）右起第四位（取决于 m1 的值）开始的连续两位（取决于 m2 的值）的数据传送到目标元件 D01 的右起第三位（取决于 n 的值）和第二位中，D01 中的 10^3、10^0 位原数据不变，然后目标操作元件中的数据再自动转换为二进制。

（3）使用说明：

① 位传送前，二进制的源操作数转换成 BCD 码；

② 位传送后，目标元件中的 BCD 码要转换成二进制数。

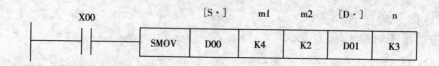

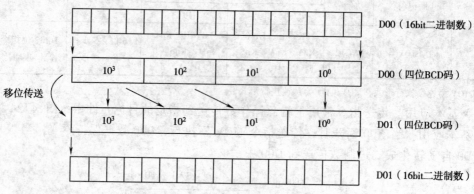

图 4-25　位传送指令的基本应用

5. 反相传送指令 CML

（1）反相传送指令如表 4-12 所示。

表 4-12　反相传送指令

指令名称	助记符	功能号	操作数（指针）		程序步长	备注
			[S·]	[D·]		
反相传送	（D）CML（P）	FNC14	K、H、KnX、KnY、KnM、KnS、T、C、D、V、Z、X、Y、M、S	KnY、KnM、KnS、T、C、D、V、Z	16 位：5 步；32 位：9 步	16/32 位指令；连续/脉冲执行

注：CML 为连续执行形式；CML（P）为脉冲执行形式。

（2）基本应用。反相传送指令常用于将源操作数取反后再传送到目标元件中，适用于反逻辑输出，图 4-26 是反相传送指令的基本应用。当 X00 断开时，反相传送指令 CML 不执行，目标操作元件 K2Y10 的数据保持不变；当 X00 接通时，源操作数（D00 中的二进制数）逐位取反，即 1→0 或 0→1，然后传送到目标操作元件 K2Y10 中。

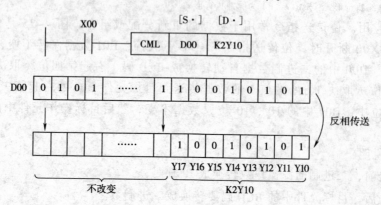

图 4-26　反相传送指令的基本应用

（3）使用说明：

① 在反相传送指令执行过程中，源操作数为 K 的常数会自动转换为二进制数据；

② 反相传送指令可作为 PLC 的反相输入或反相输出指令。

6. 块传送指令 BMOV

（1）块传送指令如表 4-13 所示。

表 4-13　块传送指令

指令名称	助记符	功能号	操作数（指针）		程序步长	备注
			[S·]	[D·]		
块传送	BMOV/BMOV（P）	FNC15	K、H、KnX、KnY、KnM、KnS、T、C、D	KnY、KnM、KnS、T、C、D	16 位：7 步	16 位指令；连续/脉冲执行且 n≤512

注：BMOV 为连续执行形式；BMOV（P）为脉冲执行形式。

（2）基本应用。块传送指令常用于将数据从源操作数指定的元件开始的连续 n 个数据组成的数据块传送到指定的目标元件中，图 4-27 是块传送指令的基本应用。当 X00 断开时，块传送指令 BMOV 不执行，目标操作元件 D20 中的数据保持不变；当 X00 接通时，从 D10 开始的连续四个数据（取决于 n 的值）组成的数据块，即 D10、D11、D12、D13 的内容分别传送到 D20、D21、D22 和 D23 中。

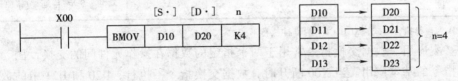

图 4-27　块传送指令的基本应用

（3）使用说明：

① 源操作元件和目标操作元件只写数据块的最低位元件号；

② 位元件的块传送中，源操作数与目标操作数的位数要保持一致；

③ 源操作元件号和目标操作元件号重叠时，PLC 自动调整传送顺序；

④ 数据块中数据的个数不能超过 512 个。

7. 多点传送指令 FMOV

（1）多点传送指令如表 4-14 所示。

表 4-14　多点传送指令

指令名称	助记符	功能号	操作数（指针）		程序步长	备注
			[S·]	[D·]		
多点传送	（D）FMOV（P）	FNC16	K、H、KnX、KnY、KnM、KnS、T、C、D	KnY、KnM、KnS、T、C、D、V、Z	16 位：7 步；32 位：13 步	16/32 位指令；连续/脉冲执行且 n≤512

注：FMOV 为连续执行形式；FMOV（P）为脉冲执行形式。

（2）基本应用。多点传送指令常用于将源操作元件中的数据传送到目标元件开始的连续

n 个元件中，图 4-28 是多点传送指令的基本应用。当 X00 断开时，多点传送指令不执行，目标操作元件 D00 的数据保持不变；当 X00 接通时，K10 传送到指定目标元件 D00 开始的连续八个（取决于 n 的值）元件中。

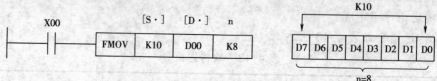

图 4-28　多点传送指令的基本应用

（3）使用说明：

① 多点传送的执行结果是指定的 n 个目标元件中的数据完全相同；

② 当元件号超出允许的元件号范围时，数据只传送到允许的元件号范围。

8. 数据交换指令 XCH

（1）数据交换指令如表 4-15 所示。

表 4-15　数据交换指令

指令名称	助记符	功能号	操作数（指针）		程序步长	备注
			[D1·]	[D2·]		
数据交换	（D）XCH（P）	FNC17	KnY、KnM、KnS、T、C、D、V、Z	KnY、KnM、KnS、T、C、D、V、Z	16 位：5 步；32 位：9 步	16/32 位指令；连续/脉冲执行

注：XCH 为连续执行形式；XCH（P）为脉冲执行形式。

（2）基本应用。数据交换指令常用于两个指定的数据在操作元件间的交换，图 4-29 是数据交换指令的基本应用。当 X00 断开时，数据交换指令不执行，D20 和 D21 中的数据保持不变；当 X00 接通时，D20 和 D21 中的数据互相交换。

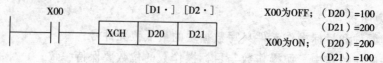

图 4-29　数据交换指令的基本应用

（3）使用说明：

① 数据交换指令可通过脉冲执行形式实现数据的一次交换。

② 特殊辅助继电器 M8160 接通时，对 16 位数据，可实现同一操作元件低 8 位与高 8 位的数据交换；对 32 位数据，可实现同一操作元件低 16 位与高 16 位数据的交换。

9. BCD 码变换指令 BCD

（1）BCD 码变换指令如表 4-16 所示。

表 4-16　BCD 码变换指令

指令名称	助记符	功能号	操作数（指针）		程序步长	备注
			[S·]	[D·]		
BCD 码变换	（D）BCD（P）	FNC18	K、H、KnX、KnY、KnM、KnS、T、C、D、V、Z	KnY、KnM、KnS、T、C、D、V、Z	16 位：5 步；32 位：9 步	16/32 位指令；连续/脉冲执行

注：BCD 为连续执行形式；BCD（P）为脉冲执行形式。

124

（2）基本应用。BCD 码变换指令常用于将二进制的源操作数变换成 BCD 码传送到目标元件中，在 PLC 程序设计中，适用于驱动七段显示电路。图 4-30 是 BCD 码变换指令的基本应用。当 X00 断开时，BCD 码变换指令不执行，D10 和 K2Y10 中的数据保持不变；当 X00 接通时，D10 中的二进制数自动转换成 BCD 码，然后传送到目标操作元件 K2Y10（输出口 Y17 ~ Y10）中。

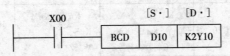

图 4-30　BCD 码变换指令的基本应用

（3）使用说明：

① 对于 16 位操作数，BCD 码变换指令执行的结果超出 0 ~ 9 999 的范围会出错；

② 对于 32 位操作数，BCD 码变换指令执行的结果超出 0 ~ 99 999 999 的范围会出错。

10. 二进制变换指令 BIN

（1）二进制变换指令如表 4-17 所示。

表 4-17　二进制变换指令

| 指令名称 | 助记符 | 功能号 | 操作数（指针） | | 程序步长 | 备注 |
			[S·]	[D·]		
二进制变换	（D）BIN（P）	FNC18	KnX、KnY、KnM、KnS、T、C、D、V、Z	KnY、KnM、KnS、T、C、D、V、Z	16 位：5 步；32 位：9 步	16/32 位指令；连续/脉冲执行

注：BIN 为连续执行形式；BIN（P）为脉冲执行形式。

（2）基本应用。二进制变换指令常用于将 BCD 的源操作数变换成二进制数传送到目标元件中，适用于把 BCD 数字开关串的设定值输入到 PLC 中。图 4-31 是二进制变换指令的基本应用。当 X00 断开时，二进制变换指令不执行，K2X10 和 D10 中的数据保持不变；当 X00 接通时，源操作数 K2X10 中的 BCD 码自动转换成二进制数，然后传送到目标操作元件 D10 中。

图 4-31　二进制变换指令的基本应用

（3）使用说明：

① 对于 16 位操作数，BCD 码变换指令执行的结果超出 0 ~ 9 999 的范围会出错；

② 对于 32 位操作数，BCD 码变换指令执行的结果超出 0 ~ 99 999 999 的范围会出错；

③ 常数 K 自动进行二进制变换。

三、四则运算指令

FX2N 系列 PLC 有六条四则运算指令，用以实现对二进制数据的算术运算。它们分别是加法指令 ADD、减法指令 SUB、乘法指令 MUL、除法指令 DIV、递增指令 INC 和递减指令 DEC。

1. 加法指令 ADD

（1）加法指令如表 4-18 所示。

表 4-18 加 法 指 令

指令名称	助记符	功能号	操作数（指针）		程序步长	备注
			[S1·][S2·]	[D·]		
加法	（D）ADD（P）	FNC20	K、H、KnX、KnY、KnM、KnS、T、C、D、V、Z	KnY、KnM、KnS、T、C、D、V、Z	16 位：7 步；32 位：13 步	16/32 位指令；连续/脉冲执行

注：ADD 为连续执行形式；ADD（P）为脉冲执行形式。

（2）基本应用。加法指令常用于将源操作元件中两个二进制数进行代数相加的结果送到指定的目标元件中，图 4-32 是加法指令的基本应用。当 X00 从 OFF→ON 时，D20 中的数据与 D22 中的数据进行代数相加运算，结果送到 D24 中，即（D20）+（D22）→（D24）。

（3）使用说明：

① 进行加法操作的每个操作数的最高位为符号位，"0" 为正数，"1" 为负数。

② 加法指令有三个标志位，它们分别是零标志位 M8020、借位标志位 M8021 和进位标志位 M8022。当加法运算结果为 0 时，M8020 置 "1"；当加法运算结果小于 −32 767（16 位）或 −2 147 483 647（32 位），M8021 置 "1"；当加法运算结果超过 32 767（16 位）或 2 147 483 647（32 位），M8022 置 "1"。

③ 对 32 位操作数的运算中，当使用字元件时，被指定的字元件是低 16 位元件，而下一个元件是高 16 位元件。

④ 当采用连续执行方式且源操作元件和目标操作元件的元件号相同时，加法的结果在每个扫描周期都会发生变化，如图 4-33 所示。在 X00 每次接通的瞬间，D20 中的数据都做加 1 运算，与后面要介绍的递增指令 INC 执行结果类似。二者的区别是加法指令可以得到标志位状态。

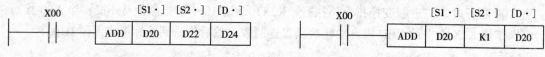

图 4-32　加法指令的基本应用　　　图 4-33　源元件和目标元件的元件号相同的加法运算

2. 减法指令 SUB

（1）减法指令如表 4-19 所示。

表 4-19 减 法 指 令

指令名称	助记符	功能号	操作数（指针）		程序步长	备注
			[S1·][S2·]	[D·]		
减法	（D）SUB（P）	FNC21	K、H、KnX、KnY、KnM、KnS、T、C、D、V、Z	KnY、KnM、KnS、T、C、D、V、Z	16 位：7 步；32 位：13 步	16/32 位指令；连续/脉冲执行

注：SUB 为连续执行形式；SUB（P）为脉冲执行形式。

（2）基本应用。减法指令常用于将源操作元件中两个二进制数进行减法运算的结果送到指定的目标元件中，图 4-34 是减法指令的基本应用。这是一条脉冲执行型减法指令，当 X00

从 OFF→ON 时，只执行一次减法运算，D20 中的数据与 D22 中的数据进行减法运算，结果送到 D24 中，即（D20）-（D22）→（D24）。

（3）使用说明：

① 减法指令每个标志位的功能、32 位运算元件的指定方法等与上述加法指令的使用完全相同。

② 当采用连续执行方式且源操作元件和目标操作元件的元件号相同时，减法的结果在每个扫描周期都会发生变化，如图 4-35 所示。在 X00 每次接通的瞬间，D20 中的数据都做减 1 运算，与后面要介绍的递减指令 DEC 执行结果类似。二者的区别是减法指令可以得到标志位状态。

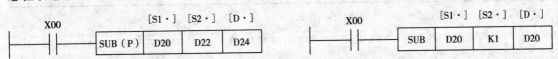

图 4-34　减法指令的基本应用　　　　图 4-35　源元件和目标元件的元件号相同的减法运算

3. 乘法指令 MUL

（1）乘法指令如表 4-20 所示。

表 4-20　乘　法　指　令

指令名称	助记符	功能号	操作数（指针）		程序步长	备注
			[S1·] [S2·]	[D·]		
乘法	（D）MUL（P）	FNC22	K、H、KnX、KnY、KnM、KnS、T、C、D、Z	KnY、KnM、KnS、T、C、D	16 位：7 步；32 位：13 步	16/32 位指令；连续/脉冲执行

注：SUB 为连续执行形式；SUB（P）为脉冲执行形式。

（2）基本应用。乘法指令常用于将源操作元件中的两个二进制数进行乘法运算的结果送到指定的目标元件中，图 4-36 是乘法指令的基本应用。

图 4-36（a）是 16 位源操作数的乘法运算，当 X00 从 OFF→ON 时，（D10）×（D12）→（D15，D14），即源操作数是 16 位，目标操作数是 32 位；图 4-36（b）是 32 位源操作数的乘法运算，当 X01 从 OFF→ON 时，（D21，D20）×（D23，D22）→（D27，D26，D25，D24），即源操作数是 32 位，目标操作数是 64 位。

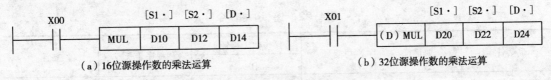

（a）16位源操作数的乘法运算　　　　（b）32位源操作数的乘法运算

图 4-36　乘法指令的基本应用

（3）使用说明：

① 操作数中的最高位为符号位，"0" 为正数，"1" 为负数；

② 目标操作数为位组合元件时，应将数据移入字元件再进行乘法运算；

③ 在使用字元件对 32 位源操作数进行乘法运算时，应分别通过监视高 32 位和低 32 位获得 64 位运算结果，即 64 位结果=（高 32 位）×2^{32}+（低 32 位）；

④ V 和 Z 不能作为目标操作元件。

4. 除法指令 DIV

（1）除法指令如表 4-21 所示。

表 4-21　除 法 指 令

指令名称	助记符	功能号	操作数（指针）		程序步长	备注
			[S1·][S2·]	[D·]		
除法	（D）DIV（P）	FNC23	K、H、KnX、KnY、KnM、KnS、T、C、D、Z	KnY、KnM、KnS、T、C、D	16 位：7 步；32 位：13 步	16/32 位指令；连续/脉冲执行

注：DIV 为连续执行形式；DIV（P）为脉冲执行形式。

（2）基本应用。除法指令常用于源操作元件中的两个二进制数进行除法运算（[S1·]是被除数，[S2·]是除数），并将运算结果送到指定的目标元件（商送到指定的目标元件[D·]，余数送到[D·]的下一个目标元件）。图 4-37 是除法指令的基本应用。

图 4-37（a）是 16 位源操作数的除法运算，当 X00 从 OFF→ON 时，（D10）÷（D12）→（D14）…（D15），其中源操作数是和目标操作数（包括余数）都是 16 位二进制数；图 4-37（b）是 32 位源操作数的除法运算，当 X01 从 OFF→ON 时，（D21，D20）÷（D23，D22）→（D25，D24）…（D27，D26），其中源操作数和目标操作数（包括余数）都是 32 位二进制数。

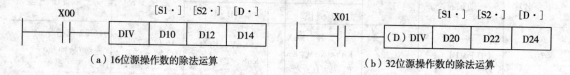

（a）16 位源操作数的除法运算　　　　　（b）32 位源操作数的除法运算

图 4-37　除法指令的基本应用

（3）使用说明：

① 操作数中的最高位为符号位，"0" 为正数，"1" 为负数；

② 目标操作数是位元件时，得不到余数；

③ V 和 Z 不能作为目标操作元件。

5. 递增指令 INC

（1）递增指令如表 4-22 所示。

表 4-22　递 增 指 令

指令名称	助记符	功能号	操作数（指针）	程序步长	备注
			[D·]		
递增	（D）INC（P）	FUN24	KnY、KnM、KnS、T、C、D、V、Z	16 位：3 步；32 位：5 步	16/32 位指令；连续/脉冲执行

注：INC 为连续执行形式；INC（P）为脉冲执行形式。

（2）基本应用。递增指令常用于[D·]指定的元件中的二进制数自动加 1，图 4-38 是递增指令的基本应用。这是一条连续执行型递增指令，当 X00 从 OFF→ON 时，D00 中的二进制操作数在每个扫描周期做加 1 运算，即（D00）+1→（D00）。

（3）使用说明：

① 16 位运算时，+32 767 加 1 变为 –32 768，且标志位不置位；

② 32 位运算时，+2 147 483 647 加 1 变为 –2 147 483 648，且标志位不置位。

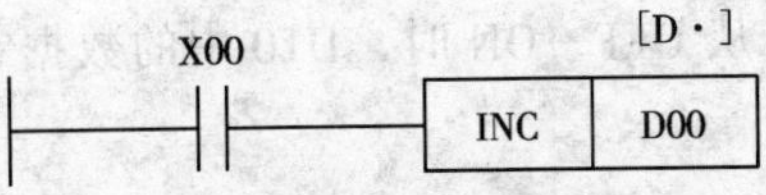

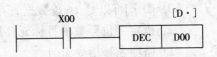

图 4-38　递增指令的基本应用

6. 递减指令 DEC

（1）递减指令如表 4-23 所示。

表 4-23　递 减 指 令

指令名称	助记符	功能号	操作数（指针）	程序步长	备注
			[D·]		
递增	（D）DEC（P）	FUN25	KnY、KnM、KnS、T、C、D、V、Z	16 位：3 步；32 位：5 步	16/32 位指令；连续/脉冲执行

注：DEC 为连续执行形式；DEC（P）为脉冲执行形式。

（2）基本应用。递减指令常用于[D·]指定的元件中的二进制数自动减 1，图 4-39 是递减指令的基本应用。这是一条连续执行型递减指令，当 X00 从 OFF→ON 时，D00 中的二进制操作数在每个扫描周期做减 1 运算，即（D00）–1→（D00）。

图 4-39　递减指令的基本应用

（3）使用说明：

① 16 位运算时，–32 768 减 1 变为 + 32 767，且标志位不置位；

② 32 位运算时，–2 147 483 648 减 1 变为 + 2 147 483 647，且标志位不置位。

四、循环移位指令

FX2N 系列 PLC 有 10 条循环移位指令，用以实现位数据或字数据向指定方向的移动，它们分别是循环右移指令 ROR、循环左移指令 ROL、带进位循环右移指令 RCR、带进位循环左移指令 RCL、位右移指令 SFTR、位左移指令 SFTL、字右移指令 WSFR、字左移指令 WSFL、移位写入指令 SFWR 和移位读出指令 SFRD。这里只介绍循环右移、循环左移、位右移和位左移四条指令的应用。

1. 循环右移指令 ROR

（1）循环右移指令如表 4-24 所示。

表 4-24　循环右移指令

指令名称	助记符	功能号	操作数（指针）		程序步长	备注
			[D·]	n		
循环右移	（D）ROR（P）	FUN30	KnY、KnM、KnS、T、C、D、V、Z	K、H n≤16（16 位）n≤32（32 位）	16 位：5 步；32 位：9 步	16/32 位指令；连续/脉冲执行；影响标志位：M8022

注：ROR 为连续执行形式；ROR（P）为脉冲执行形式。

（2）基本应用。循环右移指令常用于[D·]中的数据依次向右移动指定的 n 位，且最后从最低位移出的数据存储在进位标志位 M8022 中。图 4-40 是循环右移指令的基本应用。X00

从 OFF→ON 时，D10 中的数据在每个扫描周期以如图 4-40 所示方式进行循环右移。

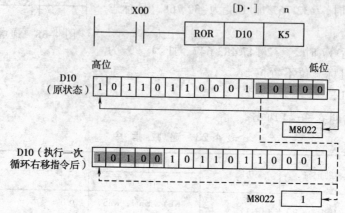

图 4-40 循环右移指令的基本应用

（3）使用说明：

① [D·]可以是 16 位数据寄存器，也可以是 32 位数据寄存器；

② 指定"位"数的目标元件用 K4（16 位指令）和 K8（32 位指令）表示。

2. 循环左移指令 ROL

（1）循环左移指令如表 4-25 所示。

表 4-25 循环左移指令

指令名称	助记符	功能号	操作数（指针）		程序步长	备注
			[D·]	n		
循环左移	（D)ROL(P)	FUN30	KnY、KnM、KnS、T、C、D、V、Z	K、H n≤16（16 位） n≤32（32 位）	16 位：5 步； 32 位：9 步	16/32 位指令； 连续/脉冲执行； 影响标志位：M8022

注：ROL 为连续执行形式；ROL（P）为脉冲执行形式。

（2）基本应用。循环左移指令常用于[D·]中的数据依次向左移动指定的 n 位，且最后从最高位移出的数据存储在进位标志位 M8022 中。图 4-41 是循环左移指令的基本应用。X00 从 OFF→ON 时，D10 中的数据在每个扫描周期以如图 4-41 所示方式进行循环左移。

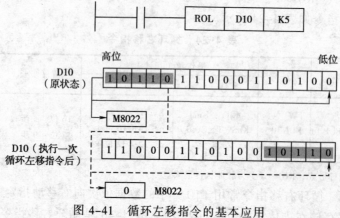

图 4-41 循环左移指令的基本应用

（3）使用说明：

① [D·]可以是 16 位或 32 位数据寄存器；

② 指定"位"数的目标元件用 K4（16 位指令）和 K8（32 位指令）表示。

3. 位右移指令 SFTR

（1）位右移指令如表 4-26 所示。

表 4-26　位右移指令

指令名称	助记符	功能号	操作数（指针）			程序步长	备注
			[S·]	[D·]	n		
位右移	SFTR/SFTR（P）	FUN34	X、Y、M、S	Y、M、S	K、H n2≤n1≤1 024	16位：7步	16位指令；连续/脉冲执行

注：SFTR 为连续执行形式；SFTR（P）为脉冲执行形式。

（2）基本应用。位右移指令常用于把 n2 位源操作位元件和 n1 位目标位元件的位向右进行移动，指令执行的结果是高位移入、低位移出，如图 4-42 所示。当 X00 从 OFF→ON 时，SFTR 指令只执行一次，即向右移动：X13 ~ X10→M15 ~ M12，M15 ~ M12→M11 ~ M08，M11 ~ M08→M07 ~ M04，M07 ~ M04→M03 ~ M00，M03 ~ M00 移出。

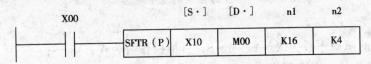

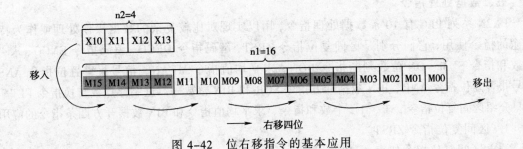

图 4-42　位右移指令的基本应用

（3）使用说明：

① 位右移指令的源操作数为 X、Y、M、S，目标操作数为 Y、M、S；

② 只有 16 位操作，占七个程序步。

4. 位左移指令 SFTL

（1）位左移指令如表 4-27 所示。

表 4-27　位左移指令

指令名称	助记符	功能号	操作数（指针）			程序步长	备注
			[S·]	[D·]	n		
位左移	SFTL/SFTL（P）	FUN35	X、Y、M、S	Y、M、S	K、H n2≤n1≤1 024	16位：7步	16位指令；连续/脉冲执行

注：SFTL 为连续执行形式；SFTL（P）为脉冲执行形式。

（2）基本应用。位左移指令常用于把 n2 位源操作位元件和 n1 位目标位元件的位向左进行移动，指令执行的结果是低位移入、高位移出，如图 4-43 所示。当 X00 从 OFF→ON 时，SFTL 指令只执行一次，即向左移动：X13～X10→M03～M00，M03～M00→M07～M04，M07～M04→M11～M08，M11～M08→M15～M12，M15～M12 移出。

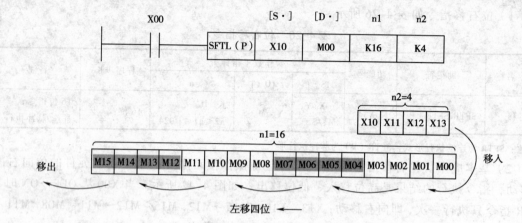

图 4-43　位左移指令的基本应用

（3）使用说明：

① 位左移指令的源操作数为 X、Y、M、S，目标操作数为 Y、M、S；

② 只有 16 位操作，占七个程序步。

五、数据处理指令

FX2N 系列 PLC 有 10 条数据处理指令，用以实现对比较复杂的数据操作处理或作为特殊用途的指令使用，它们分别是区间复位指令 ZRST、解码指令 DECO、编码指令 ENCO、求"1"个数和指令 SUM、ON 位数判断指令 BON、求平均值指令 MEAN、信号报警置位指令 ANS、信号报警复位指令 ANR、BIN 数据开方指令 SQR 和 BIN 整数→二进制浮点数转换指令 FLT。这里只介绍区间复位指令、求"1"个数和指令、求平均值指令和 BIN 数据开方四条指令的应用。

1. 区间复位指令 ZRST

（1）区间复位指令如表 4-28 所示。

表 4-28　区间复位指令

指令名称	助记符	功能号	操作数（指针）		程序步长	备注
			[D1·]	[D2·]		
区间复位	ZRST/ZRST（P）	FUN40	Y、M、S、T、C、D（D1≤D2）		16 位：5 步	16 位指令；连续/脉冲执行

注：ZRST 为连续执行形式；ZRST（P）为脉冲执行形式。

（2）基本应用。区间复位指令常用于两个操作数之间的位元件的成批复位，图 4-44 是区间复位指令的基本应用。PLC 运行时，位元件 M0～M499、字元件 T0～T245、状态元件 S0～S199 成批复位。

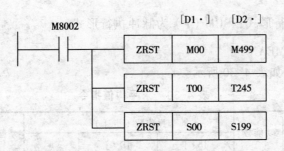

图 4-44　区间复位指令的基本应用

（3）使用说明：

① 目标操作元件[D1·]和[D2·]指定的应该是同类元件，当[D1·]≥[D2·]元件号时，只对[D1·]指定的元件复位；

② 区间复位指令虽然只做 16 位操作，但可在[D1·]和[D2·]中同时指定 32 位计数器。

2. 求"1"个数和指令 SUM

（1）求"1"个数和指令如表 4-29 所示。

表 4-29　求"1"个数和指令

指令名称	助记符	功能号	操作数（指针）		程序步长	备注
			[S·]	[D·]		
求"1"个数和	（D）SUM（P）	FUN43	K、 H、KnX、KnY、KnM、KnS、T、C、D、V、Z	KnY、KnM、KnS、T、C、D、V、Z	16 位：7 步；32 位：9 步	16/32 位指令；连续/脉冲执行

注：SUM 为连续执行形式；SUM（P）为脉冲执行形式。

（2）基本应用。求"1"个数和指令常用于对源操作元件[S·]中为"1"的数据个数进行统计求和，并将结果以二进制形式送到目标操作元件[D·]中，图 4-45 是求"1"个数和指令的基本应用。X00 为 ON 时，SUM 指令执行一次：统计出 D10 中为"1"的数据为八个，将"1"的数据个数自动转化为二进制形式（1000）送到目标操作元件 D12 中。

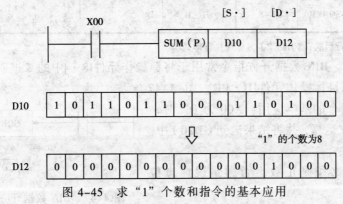

图 4-45　求"1"个数和指令的基本应用

（3）使用说明：

① 操作数可以是 16 位或 32 位数据寄存器；

② SUM 为连续执行形式；SUM（P）为脉冲执行形式。

3. 求平均值指令 MEAN

（1）求平均值指令如表 4-30 所示。

表 4-30　求平均值指令

指令名称	助记符	功能号	操作数（指针）			程序步长	备注
			[S·]	[D·]	n		
求平均值	（D）MEAN（P）	FUN45	KnX、KnY、KnM、KnS、T、C、D	KnY、KnM、KnS、T、C、D、V、Z	K、H n=1~64	16 位：7 步；32 位：9 步	16/32 位指令；连续/脉冲执行

注：MEAN 为连续执行形式；MEAN（P）为脉冲执行形式。

（2）基本应用。求平均值指令常用于求出源操作元件[S·]中指定的 n 个数据的代数和与 n 的比值（余数舍去），并将结果送到目标操作元件[D·]中，图 4-46 是求平均值指令的基本应用。X00 为 ON 时,（D10）+（D11）+（D12）+（D13）的和除以 4，运算得到的商送到（D20）中。

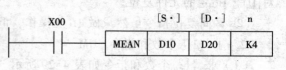

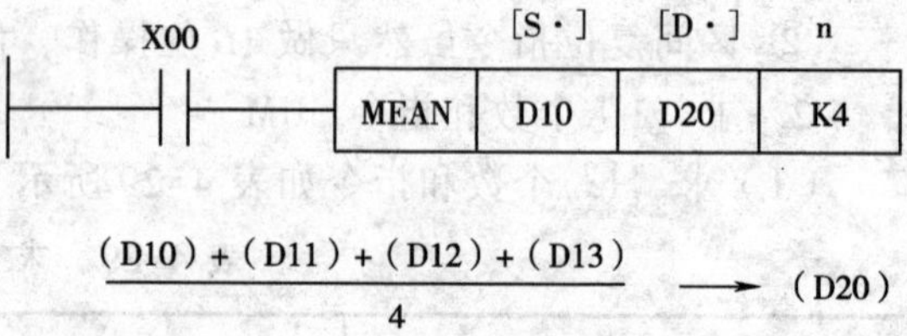

$$\frac{(D10)+(D11)+(D12)+(D13)}{4} \longrightarrow (D20)$$

图 4-46　求平均值指令的基本应用

（3）使用说明：

① 操作数可以是 16 位或 32 位数据寄存器。

② MEAN 为连续执行形式；MEAN（P）为脉冲执行形式。

③ n 的取值范围为 1~64。

4. BIN 数据开方指令 SQR

（1）BIN 数据开方指令如表 4-31 所示。

表 4-31　BIN 数据开方指令

指令名称	助记符	功能号	操作数（指针）		程序步长	备注
			[S·]	[D·]		
BIN 数据开方	（D）SQR（P）	FUN48	K、H、D	D	16 位：5 步；32 位：9 步	16/32 位指令；连续/脉冲执行

注：SQR 为连续执行形式；SQR（P）为脉冲执行形式。

（2）基本应用。BIN 数据开方指令常用于将源操作元件[S·]中的二进制数据进行开方运算，并将结果送到目标操作元件[D·]中，图 4-47 是 BIN 数据开方指令的基本应用。X00 为 ON 时，对（D10）进行开方运算，并将结果送到（D20）中。

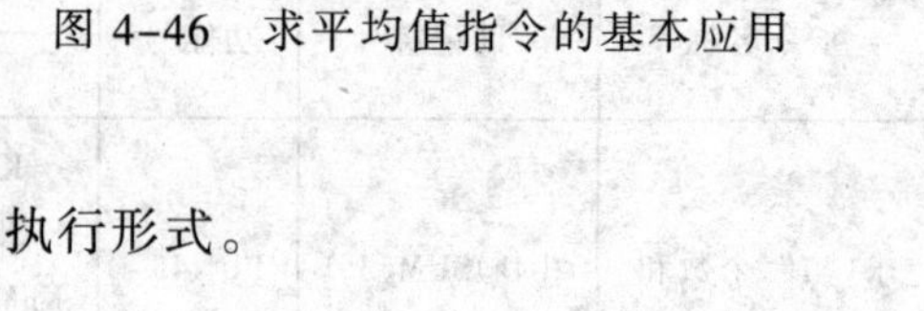

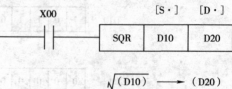

$$\sqrt{(D10)} \longrightarrow (D20)$$

图 4-47　BIN 数据开方指令的基本应用

（3）使用说明：

① 源操作数必须是正数，否则错误标志位 M8067 为 ON；

② 运算结果保留整数部分，小数舍去，舍去小数标志位为 M8021。

（1）什么是功能指令？FX2N 系列 PLC 的功能指令分哪几类？

（2）什么是"位"元件？什么是"字"元件？二者有什么区别？

（3）试用传送指令 MOV 设计节日彩灯交替控制程序，控制要求如下：

① 一个开关实现启停控制。

② L1~L8 共八个节日彩灯，隔灯点亮，每隔 4 s 变换一闪，反复进行。

（4）试用比较指令 CMP 设计密码锁控制程序，控制要求如下：

① 密码锁的 12 个按钮，分别接入 X0~X11，其中 X0~X3 表示第一个十六进制数，X4~X7 表示第二个十六进制数，X8~X11 表示第三个十六进制数。

② 每次同时按四个键，分别代表上述三个十六进制数。

③ 按动四次，如与密码锁设定值相符，4 s 后自动开锁。

④ 开锁 20 s 后密码锁重新锁定。

（5）设计四则运算的控制程序，控制要求如下：

① 一个开关实现启停控制；

② 四则运算式为 $42 + 56x \div 25 - 22$，其中 x 为输入的二进制数。

（6）试用递增指令 INC 和递减指令 DEC 实现彩灯间隔 1 s 的闪亮、熄灭循环控制程序。

技能训练二　十字路口交通信号灯控制

（器）能力目标

（1）掌握功能指令的使用及编程方法；

（2）掌握十字路口交通灯控制系统的接线、调试、操作方法；

（3）具备能在生产现场根据控制要求进行程序设计，安装、运行、调试的能力；

（4）培养将所学知识服务于生产实践的思想意识。

（器）使用器材

使用器材，如表 4-32 所示。

表 4-32　使用器材

序　　号	名　　　称	型号与规格	数　　量	备　　注
1	可编程控制器实训装置	THPFSL-1/2	1	
2	实训挂箱	·A11		
3	实训导线	3 号	若干	
4	SC-09 通信电缆		1	三菱
5	计算机		1	自备

（器）操作要求

尝试用不同的功能指令（如移位指令、传送指令、比较指令和区间比较指令等）设计完成本书第三章第二节十字路口交通信号灯控制流程所要求的梯形图程序，并进行控制系统的接线、程序传输及调试运行。

操作步骤

（1）讨论并设计十字路口交通信号灯控制的外部接线图及用移位指令实现控制的梯形图程序。

（2）PLC 与控制系统硬件连线：根据外部接线图正确接线，注意 COM1、COM2 与 GND 的连接。

（3）程序编辑、传输。详述如下：

① 打开 GX Developer 软件，在创建新工程的编辑区编辑设计的梯形图程序，直至无误。

② 保存程序：设置路径和工程名称，单击"保存"按钮。

③ 检查专用编程电缆的连接情况；接通电源，使电源指示灯为"ON"；将 PLC 的模式选择开关置"STOP"，使其处于编程状态。

④ 单击"在线"菜单，选择"传输设置"命令，对"串行 USB"进行串口详细设置，使"COM 端口"设置为 COM1，"传输速度"设置为 9.6 Kbps，其他保持默认值。

⑤ 单击"在线"菜单，选择"PLC 写入"命令，将程序下载到 PLC 中。

（4）程序调试运行。详述如下

① 将 PLC 的模式选择开关置 RUN，使其处于运行状态；

② 按下启动按钮 SB，观察并记录东西、南北方向指示灯的点亮状态；

（5）对控制梯形图进行修改，重复上述过程，直到与控制流程相符。

操作总结

（1）画十字路口交通信号灯的外部控制接线图。

（2）画出满足控制要求的梯形图。

（3）总结对功能指令的掌握情况。

设计参考

（1）十字路口交通信号灯控制外部接线图，如图 4-48 所示。

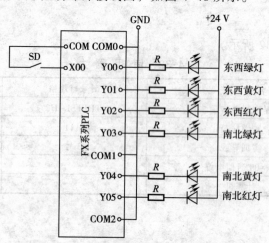

图 4-48　十字路口交通信号灯控制外部接线图

（2）用移位和传送指令编写的十字路口交通信号灯控制参考梯形图，如图 4-49 所示。

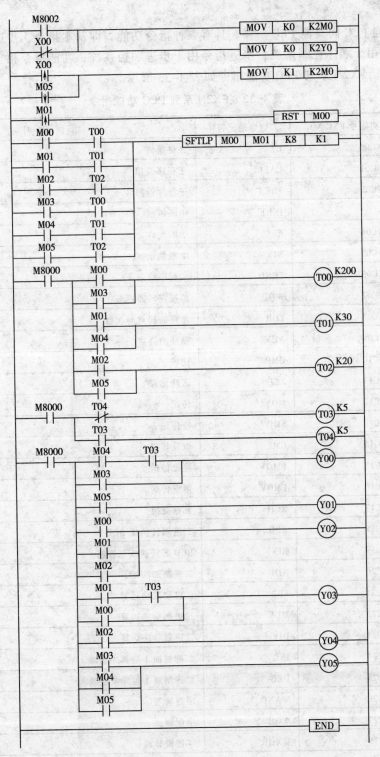

图 4-49　十字路口交通信号灯控制参考梯形图

课后回顾

FX2N 系列 PLC 同其他 PLC 一样，具有三种指令功能，即基本指令、步进指令和功能指令。基本指令用于顺序控制系统；步进指令用于步进顺控系统；功能指令相当于一系列功能不同的子程序。FX2N 系列 PLC 功能指令如表 4-33 所示。

表 4-33 FX2N 系列 PLC 功能指令

分　类	功能号 FNC NO.	指令助记符	功　能　说　明
程序流程指令	FNC00	CJ	条件跳转
	FNC01	CALL	子程序调用
	FNC02	SRET	子程序返回
	FNC03	IRET	中断返回
	FNC04	EI	中断允许
	FNC05	DI	中断禁止
	FNC06	FEND	主程序结束
	FNC07	WDT	监视定时器刷新
	FNC08	FOR	循环的起点与次数
	FNC09	NEXT	循环的终点
传送与比较指令	FNC10	CMP	比较
	FNC11	ZCP	区间比较
	FNC12	MOV	传送
	FNC13	SMOV	位传送
	FNC14	CML	取反传送
	FNC15	BMOV	成批传送
	FNC16	FMOV	多点传送
	FNC17	XCH	数据交换
	FNC18	BCD	二进制转换成 BCD 码
	FNC19	BIN	BCD 码转换成二进制
四则运算指令	FNC20	ADD	二进制加法运算
	FNC21	SUB	二进制减法运算
	FNC22	MUL	二进制乘法运算
	FNC23	DIV	二进制除法运算
	FNC24	INC	二进制加 1 运算（递增）
	FNC25	DEC	二进制减 1 运算（递减）
	FNC26	WAND	字逻辑与
	FNC27	WOR	字逻辑或
	FNC28	WXOR	字逻辑异或
	FNC29	NEG	求二进制补码

分　类	功能号 FNC NO.	指令助记符	功　能　说　明
循环移位 指令	FNC30	ROR	循环右移
	FNC31	ROL	循环左移
	FNC32	RCR	带进位右移
	FNC33	RCL	带进位左移
	FNC34	SFTR	位右移
	FNC35	SFTL	位左移
	FNC36	WSFR	字右移
	FNC37	WSFL	字左移
	FNC38	SFWR	FIFO（先入先出）写入
	FNC39	SFRD	FIFO（先入先出）读出
数据处理 指令	FNC40	ZRST	区间复位
	FNC41	DECO	解码
	FNC42	ENCO	编码
	FNC43	SUM	统计为"1"位数和
	FNC44	BON	查询位某状态
	FNC45	MEAN	求平均值
	FNC46	ANS	报警器置位
	FNC47	ANR	报警器复位
	FNC48	SQR	求平方根
	FNC49	FLT	整数与浮点数转换
高速处理 指令	FNC50	REF	输入输出刷新
	FNC51	REFF	输入滤波时间调整
	FNC52	MTR	矩阵输入
	FNC53	HSCS	比较置位（高速计数用）
	FNC54	HSCR	比较复位（高速计数用）
	FNC55	HSZ	区间比较（高速计数用）
	FNC56	SPD	脉冲密度
	FNC57	PLSY	指定频率脉冲输出
	FNC58	PWM	脉宽调制输出
	FNC59	PLSR	带加减速脉冲输出
方便指令	FNC60	IST	状态初始化
	FNC61	SER	数据查找
	FNC62	ABSD	凸轮控制（绝对式）
	FNC63	INCD	凸轮控制（增量式）
	FNC64	TTMR	示教定时器

139

第四章　功能指令

分　类	功能号 FNC NO.	指令助记符	功　能　说　明
方便指令	FNC65	STMR	特殊定时器
	FNC66	ALT	交替输出
	FNC67	RAMP	斜波信号
	FNC68	ROTC	旋转工作台控制
	FNC69	SORT	列表数据排序
外部输入/输出设备指令	FNC70	TKY	10 键输入
	FNC71	HKY	16 键
	FNC72	DSW	BCD 数字开关输入
	FNC73	SEGD	七段码译码
	FNC74	SEGL	七段码分时显示
	FNC75	ARWS	方向开关
	FNC76	ASC	ASCI 码转换
	FNC77	PR	ASCII 码打印输出
	FNC78	FROM	BFM 读出
	FNC79	TO	BFM 写入
外围设备通信指令	FNC80	RS	串行数据传送
	FNC81	PRUN	八进制位传送（#）
	FNC82	ASCI	十六进制数转换成 ASCII 码
	FNC83	HEX	ASCII 码转换成十六进制数
	FNC84	CCD	校验
	FNC85	VRRD	电位器变量输入
	FNC86	VRSC	电位器变量区间
	FNC88	PID	PID 运算
浮点数运算指令	FNC110	ECMP	二进制浮点数比较
	FNC111	EZCP	二进制浮点数区间比较
	FNC118	EBCD	二进制浮点数→十进制浮点数
	FNC119	EBIN	十进制浮点数→二进制浮点数
	FNC120	EADD	二进制浮点数加法
	FNC121	EUSB	二进制浮点数减法
	FNC122	EMUL	二进制浮点数乘法
	FNC123	EDIV	二进制浮点数除法
	FNC127	ESQR	二进制浮点数开方
	FNC129	INT	二进制浮点数→二进制整数
	FNC130	SIN	二进制浮点数 sin 运算
	FNC131	COS	二进制浮点数 cos 运算
	FNC132	TAN	二进制浮点数 tan 运算

分　类	功能号 FNC NO.	指令助记符	功　能　说　明
浮定位	FNC147	SWAP	高低字节交换
时钟指令	FNC160	TCMP	时钟数据比较
	FNC161	TZCP	时钟数据区间比较
	FNC162	TADD	时钟数据加法
	FNC163	TSUB	时钟数据减法
	FNC166	TRD	时钟数据读出
	FNC167	TWR	时钟数据写入
外围设备通信指令	FNC170	GRY	二进制数→格雷码
	FNC171	GBIN	格雷码→二进制数
触点比较指令	FNC224	LD=	（S1）=（S2）时起始点触点接通
	FNC225	LD>	（S1）>（S2）时起始点触点接通
	FNC226	LD<	（S1）<（S2）时起始点触点接通
	FNC228	LD<>	（S1）<>（S2）时起始点触点接通
	FNC229	LD≤	（S1）≤（S2）时起始点触点接通
	FNC230	LD≥	（S1）≥（S2）时起始点触点接通
	FNC232	AND=	（S1）=（S2）时串联触点接通
	FNC233	AND>	（S1）>（S2）时串联触点接通
	FNC234	AND<	（S1）<（S2）时串联触点接通
	FNC236	AND<>	（S1）<>（S2）时串联触点接通
	FNC237	AND≤	（S1）≤（S2）时串联触点接通
	FNC238	AND≥	（S1）≤（S2）时串联触点接通
	FNC240	OR=	（S1）=（S2）时并联触点接通
	FNC241	OR>	（S1）>（S2）时并联触点接通
	FNC242	OR<	（S1）<（S2）时并联触点接通
	FNC244	OR<>	（S1）<>（S2）时并联触点接通
	FNC245	OR≤	（S1）≤（S2）时并联触点接通
	FNC246	OR≥	（S1）≥（S2）时并联触点接通

测　试

一、填空题

（1）功能指令又称（　　）。

（2）FX2N 系列 PLC 有（　　）条功能指令。

（3）功能指令中的操作元件可以存储（　　）、（　　）和（　　）。

（4）FX2N 系列 PLC 既能处理（　　）位数据，也能处理（　　）位数据。

（5）功能指令中的其他操作数可以表示常数，即用（　　）来表示十进制数，用（　　）

来表示十六进制数。

（6）变址寄存器是用于运算操作数地址修改的（　　　）位数据寄存器。

（7）子程序调用指令最多可以形成（　　　）级嵌套结构。

（8）（　　　）用于指定元件中的二进制数自动加 1。

（9）区间复位指令 ZRST 常用于两个操作数之间的位元件的（　　　）。

（10）（　　　）是进位标志位。

二、判断题

（1）FX2N 系列 PLC 功能指令的功能符号用 FNC00 ~ FNC99 表示。（　　　）

（2）MOV（P）表示在每个扫描周期都执行该指令。（　　　）

（3）位元件可以组合成字元件，且每四位位元件可以组合成一个单元组。（　　　）

（4）变址寄存器在进行 32 位数据运算时，常将 Z 和 V 结合在一起，Z 作高 16 位，V 作低 16 位，构成（Z、V）组合。（　　　）

（5）EI 是禁止中断指令。（　　　）

（6）程序段中的全部主程序（含跳转程序）都要写在主程序结束指令 FEND 之前。

（　　　）

（7）循环指令 FOR...NEXT 能够形成嵌套结构，且最多允许八级嵌套。

（　　　）

（8）区间比较指令 ZCP 常用于将一个源操作数与另外两个源操作数比较的结果送到目标操作元件中。（　　　）

（9）加法指令有三个标志位，它们分别是零标志位 M8020、借位标志位 M8021 和进位标志位 M8022。（　　　）

（10）位右移指令 SFTR 常用于把 n2 位源操作位元件和 n1 位目标位元件的位向右进行移动，指令执行的结果是低位移入，高位移出。（　　　）

三、选择题

（1）由 X10 ~ X13 构成的一个四位组可以表示为（　　　）。

　　A. K1X10　　　　　B. K4X10　　　　　C. K1X13　　　　　D. K4X13

（2）表示刷新监视定时器的指令是（　　　）。

　　A. IRET　　　　　B. WDT　　　　　C. FEND　　　　　D. ROR

（3）进行字元件组合成位元件时，16 位数据 n 的取值范围是（　　　）。

　　A. 1 ~ 16　　　　　B. 1 ~ 12　　　　　C. 1 ~ 8　　　　　D. 1 ~ 4

（4）类似于子程序的指令被广泛应用在 PLC 的程序设计中的是（　　　）。

　　A. 基本指令　　　　B. 步进顺控指令　　C. 功能指令　　　　D. 梯形图

（5）与重复循环开始指令 FOR 配对使用的指令是（　　　）。

　　A. IRET　　　　　B. SRET　　　　　C. NEXT　　　　　D. FEND

（6）SMOV 是（　　　）。

　　A. 位传送指令　　　　　　　　　　　B. 反相传送指令

　　C. 成批传送指令　　　　　　　　　　D. 多点传送指令

（7）当加法运算结果小于 -32 767（16 位）或 -2 147 483 647（32 位），置 "1" 的标志位

是（　　）。

  A．M8020   B．M8021   C．M8022   D．M8023

（8）可以在每个扫描周期处理 32 位数据的传送指令助记符表示为（　　）。

  A．MOV   B．（D）MOV   C．（D）MOV（P） D．MOV（P）

（9）循环左移指令常用于[D·]中的数据依次向左移动指定的 n 位，且最后从最高位移出的数据存储在进位标志（　　）中。

  A．M8020   B．M8021   C．M8022   D．M8023

（10）求平均值指令 MEAN 中，指定数据个数 n 的取值范围是（　　）。

  A．1～16   B．1～32   C．1～64   D．1～128

四、设计题

（1）试用功能指令设计电动机 Y/△ 启动控制程序。控制要求如下：

① X00 为启动按钮，X01 为停车按钮。

② Y00 控制电路主接触器，Y01 控制电动机的 Y 启动，Y02 控制电动机的 △ 运行。

③ X00 接通时，电动机定子绕组 Y 联结启动；经过时间继电器延时（大约 10 s），使电动机转速上升接近额定转速时，电动机定子绕组转成 △ 接法下运行，电动机进入全压正常运行状态。

④ X01 接通时，电动机停止运行。

（2）试用功能指令设计花式喷泉系统控制程序。控制要求如下：

喷水池有红、黄、蓝三色灯，两个喷水龙头和一个带动龙头移动的电磁阀，按下启动按钮开始动作：喷水池的动作以 45 s 为一个循环，每 5 s 为一个节拍，如此不断循环直到按下停车按钮。

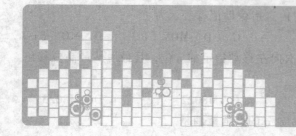

第五章
PLC 应用程序设计

作为现代自动化控制的重要支柱之一，PLC 在工业控制领域的应用越来越广泛，程序设计是 PLC 应用过程中最重要的问题。由于梯形图具有形象直观、易于识读的特点，所以 PLC 应用程序设计就是根据系统的控制要求，结合 PLC 各类指令的功能进行梯形图的设计。

本章在介绍 PLC 典型电路梯形图的基础上，以机械手控制系统为例，讲述 PLC 控制系统设计和应用程序设计的方法。借助 GX Developer 编程软件，使学生在掌握 PLC 典型电路梯形图、学会 PLC 应用程序设计的基础上，进一步熟悉 PLC 的硬件接线、程序的输入、下载、运行和调试等基本技能，为在实际工作中解决问题奠定基础。

第一节　典型电路梯形图

📖 学习目标

（1）了解常见的 PLC 梯形图电路的作用；

（2）理解典型电路梯形图的动作原理；

（3）掌握典型电路梯形图与时序图的转换。

PLC 是将传统的继电器控制技术、计算机控制技术融为一体的一种新型通用自动化控制装置。因此，梯形图的设计可以根据继电器线路的原理图，用 PLC 对应的编程元件直接"翻译"完成，下面介绍一些常见的典型电路梯形图。

一、延时电路

定时器是 PLC 内部的软元件，其作用相当于继电器系统中的时间继电器。在 PLC 程序设计中，常见的延时电路梯形图有以下几种：

1. 延时接通电路

利用定时器的常开触点可以实现延时接通的控制要求，如图 5-1 为延时接通电路的梯形图和时序图。图中，X00 接通时，T00 线圈得电，定时器开始计时，3 s 后，T00 的常开触点闭合，Y00 线圈得电；直到 X00 触点断开，T00 线圈失电，其常开触点复位，Y00 线圈失电。

2. 延时断开电路

利用定时器的常闭触点可以实现延时断开的控制要求，如图 5-2 为延时断开电路的梯形图和时序图。图中，X00 不动作时，Y00 线圈处于得电状态；X00 接通时，T00 线圈得电，定时器开始计时，Y00 线圈仍然处于得电状态；直到计时 3 s 后，T00 的常闭触点断开，Y00 线圈失电。

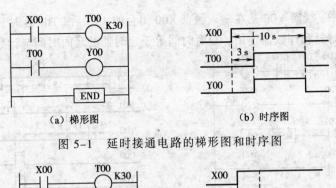

（a）梯形图　　　　　　　　（b）时序图

图 5-1　延时接通电路的梯形图和时序图

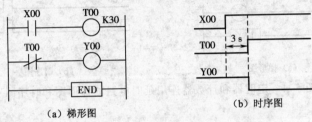

（a）梯形图　　　　　　　　（b）时序图

图 5-2　延时断开电路的梯形图和时序图

3. 增长延时时间电路

如前所述，定时器起延时操作的作用。但一个定时器的延时时间是有限的，为了满足长时间的延时控制，需要增长延时时间。在 PLC 程序设计中，常采用以下两种方法延长延时时间。

（1）多个定时器连用。图 5-3 为两个定时器连用延时电路的梯形图和时序图。图中，X00 接通，T00 线圈得电，开始计时；30 s 后，T00 的常开触点闭合，使 T01 线圈得电并开始计时，50 s 后，T01 的常开触点闭合，Y00 线圈得电。

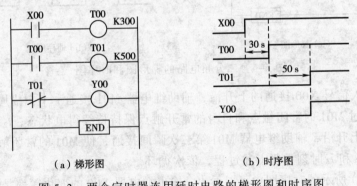

（a）梯形图　　　　　　　　（b）时序图

图 5-3　两个定时器连用延时电路的梯形图和时序图

在电路梯形图中，线圈 Y00 是在输入触点 X00 闭合的 80 s 后（T00 延时 30 s+T01 延时 50 s）得电的。因此，多个定时器连用，延时时间等于各定时器的延时时间之和。

（2）定时器和计数器连用。图 5-4 为定时器和计数器连用延时电路的梯形图和时序图。图中，X00 接通，T00 线圈得电，开始计时；3 s 后，T00 的常闭触点闭合，使计数器 C00 的当前值加 1，同时，T00 的常闭触点断开，使 T00 线圈失电，其触点复位，重新开始计时；依此动作过程，当 C00 的当前值等于设定值时，C00 的常开触点闭合，Y00 线圈得电，同时，C00 的常闭触点断开，定时器停止工作；直到 X01 接通，C00 的复位端接通，其触点及当前值复位，Y00 线圈失电。

在电路梯形图中，线圈 Y00 是在输入触点 X00 闭合的 12 s 后（T00 延时 3 s × C00 计数四次）得电的。因此，定时器和计数器连用，延时时间等于定时器的延时时间与计数器设定值的乘积。

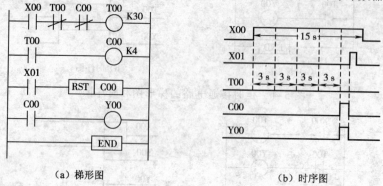

（a）梯形图 　　　　　　（b）时序图

图 5-4　定时器和计数器连用延时电路的梯形图和时序图

二、分频电路

分频电路的功能是使输出信号的变化频率变成输入信号频率的 n 分之一。图 5-5 为二分频电路的梯形图和时序图。

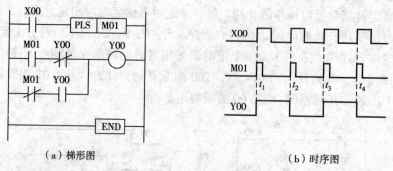

（a）梯形图 　　　　　　（b）时序图

图 5-5　二分频电路的梯形图和时序图

t_1 时刻是输入信号 X00 接通的上升沿，辅助继电器 M01 接通一个扫描周期的瞬间，Y00 线圈得电，并通过 M01 的常闭触点和自身的常开触点保持持续得电状态；t_2 时刻是输入信号 X00 再次接通的上升沿，辅助继电器 M01 第二次瞬间接通，使 M01 的常闭触点恢复原状态，Y00 线圈失电。t_3 和 t_4 时刻重复上述过程，依次循环。

从图 5-5（b）所示的时序图中可以看出，输出继电器 Y00 的变化频率是输入继电器 X00 的变化频率的 1/2，即为二分频电路。

三、自锁与互锁电路

大多数的控制系统中都存在自锁与互锁电路，用以提高工作的可靠性。PLC 程序设计过程中的自锁与互锁电路如下：

（1）自锁电路。用线圈自身的常开触点来保证线圈持续得电的控制，称为自锁。由于 PLC 是结合指令来实现自动控制的，因此，常见的 PLC 自锁梯形图电路有如下两种：

① 用线圈自身的触点实现自锁。图 5-6 为用线圈自身的触点实现自锁的梯形图和时序图。X00 接通，Y00 线圈得电，其常开触点闭合，实现自锁控制，保证 Y00 线圈持续得电；直到 X01 动作，其常闭触点断开，使 Y00 线圈失电，Y00 的常开触点复位，自锁解除。其中，

X00 是启动按钮，X01 是停止按钮。

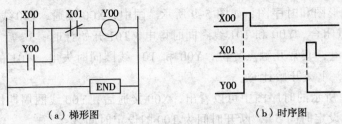

（a）梯形图　　　　　　（b）时序图

图 5-6　用线圈自身的触点实现自锁的梯形图和时序图

②　用指令实现自锁。图 5-7 为用指令实现自锁的梯形图和时序图，Y00 同时被 SET 和 RST 指令所驱动，而 SET 和 RST 指令都具有电路自保持功能。X00 接通，在 SET 指令的驱动下，Y00 在 X00 的上升沿得电并保持得电状态；直到 X01 接通，在 RST 指令的驱动下，Y00 在 X01 的上升沿失电并保持失电状态。其中，X00 是启动按钮，X01 是停止按钮。

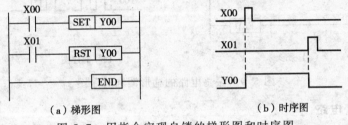

（a）梯形图　　　　　　（b）时序图

图 5-7　用指令实现自锁的梯形图和时序图

（2）互锁电路。在几个回路中，利用某一回路线圈的常闭触点，控制对方的线圈回路，进行状态保持或功能限制的控制，称为互锁。

图 5-8 为互锁电路的梯形图和时序图。图中，若 X00 先接通，Y00 线圈得电，其常开触点闭合实现自锁控制，使 Y00 线圈持续得电，同时，Y00 的常闭触点断开。在 Y00 线圈处于得电状态时，即使 X01 接通，由于 Y00 的常闭触点是断开的，Y01 线圈也不能得电。X02 接通，Y00 线圈失电，其常开触点和常闭触点复位，分别解除自锁和互锁。同理，当 X01 先接通时，Y01 线圈得电，其常开触点闭合实现自锁控制，使 Y01 线圈持续得电，同时，Y01 的常闭触点断开。在 Y01 线圈处于得电状态时，即使 X00 接通，由于 Y01 的常闭触点是断开的，Y00 线圈也不能得电。X02 接通，Y01 线圈失电，其常开触点和常闭触点复位，分别解除自锁和互锁。

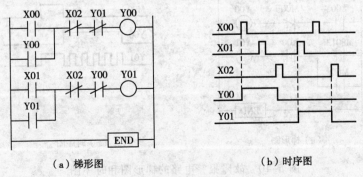

（a）梯形图　　　　　　（b）时序图

图 5-8　互锁电路的梯形图和时序图

四、振荡电路

振荡电路的梯形图和时序图，如图 5-9 所示。图中，X00 接通，T00 线圈得电开始计时，3 s 后，其常开触点闭合，Y00 和 T01 线圈同时得电，T01 开始计时；5 s 后，T01 的常闭触点断开，T00 线圈失电，其常开触点复位，Y00 和 T01 线圈同时失电，T01 的常闭触点复位，T00 线圈再次得电，重新开始计时。

从图 5-9（b）所示的时序图中可以看出，X00 接通后，Y00 线圈周期性地接通和断开，接通时间为 T01 的设定时间 5 s，断开时间为 T00 的设定时间 3 s。

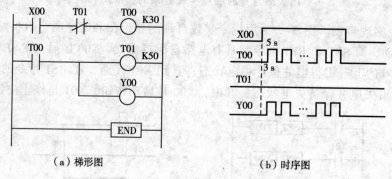

（a）梯形图 　　　　　　　　　　（b）时序图

图 5-9　振荡电路的梯形图和时序图

五、故障报警电路

故障报警电路的梯形图和时序图如图 5-10 所示。有故障时 X00 接通；X01 为蜂鸣器复位按钮；Y00 接通，则蜂鸣器发出警报；Y01 接通，则报警指示灯点亮。

图中，X00 接通时，Y00 线圈得电，蜂鸣报警，同时，Y01 线圈在 M8013 的作用下，周期性接通，使报警指示灯做间隔 1 s 的闪烁。X01 接通时，辅助继电器 M00 线圈得电，其常闭触点断开，Y00 线圈失电，蜂鸣器停止工作；M00 的常开触点闭合，分别实现自锁控制和使 Y01 线圈持续得电，报警指示灯转为持续点亮。直到故障排除，X00 恢复原状态，Y01 线圈失电，报警指示灯熄灭。

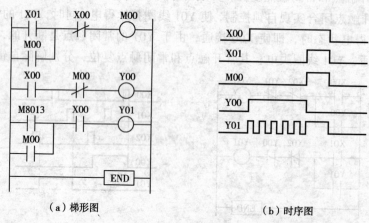

（a）梯形图 　　　　　　　　　　（b）时序图

图 5-10　故障报警电路的梯形图和时序图

六、顺序电路

在生产实践中，存在同一输入信号控制多台电动机顺序动作的情况，顺序控制电路分为顺序接通和顺序断开两种。

1. 顺序接通电路

图 5-11 是顺序接通电路的梯形图和时序图。图中，X00 是启动按钮，X01 是停止按钮。X01 接通，Y00、Y01、Y02 线圈同时失电。

X00 接通，T00、T01 和 T02 同时开始计时，2 s 后，Y00 线圈得电，并通过 Y00 的常开触点实现自锁，使 Y00 线圈持续得电；同理，Y01 和 Y02 分别在 X00 接通的 3 s 和 5 s 后，得电并实现自锁。

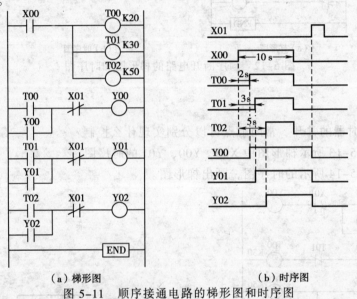

（a）梯形图　　　　　　（b）时序图

图 5-11　顺序接通电路的梯形图和时序图

从图 5-11（b）所示的时序图中可以看出，Y00、Y01、Y02 线圈分别在 X00 接通的 2 s、3 s 和 5 s 后得电，实现顺序接通控制。

2. 顺序断开电路

图 5-12 是顺序断开电路的梯形图和时序图。在输入信号 X00 的下降沿，下降沿微分指令驱动的 M00 线圈瞬间接通，输出一个扫描周期，M00 的常开触点闭合，M01 线圈得电自锁。M01 的常开触点闭合使 T00 和 T01 线圈同时得电，开始计时，分别做 2 s 和 4 s 的延时操作；2 s 后，T00 常闭触点断开，使 Y00 线圈失电；计时开始的 4 s 后，T01 的常闭触点断开，使 Y01 线圈失电。

从图 5-12（b）所示的时序图中可以看出，Y00、Y01 线圈分别在 X00 断开的 2 s 和 4 s 后失电，实现顺序断开控制。

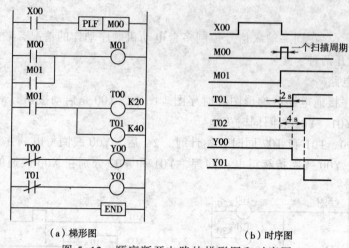

（a）梯形图　　　　　　　（b）时序图

图 5-12　顺序断开电路的梯形图和时序图

课后练习

（1）利用定时器的常开、常闭触点可以分别实现什么控制？

（2）画出图 5-13 所示梯形图中 X00、Y00、Y01 的时序图。

（3）根据图 5-14 所示的时序图，画出梯形图。

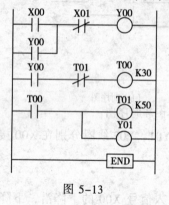

图 5-13

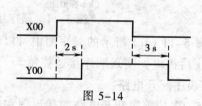

图 5-14

技能训练一　延时顺序接通程序设计

能力目标

（1）熟练应用 GX Developer 编程软件，学会分析定时器的控制作用；

（2）掌握梯形图电路编辑、传输、调试及运行的方法；

（3）具备根据运行结果归纳梯形图对应时序图的信息加工能力；

（4）培养勇于创新和实事求是的科学态度。

使用器材

使用器材，如表 5-1 所示。

表 5-1 使用器材

序　号	名　称	型号与规格	数　量	备　注
1	可编程控制器实训装置	THPFSL-1/2	1	
2	SC-09 通信电缆		1	三菱
3	计算机		1	自备

控制要求

如图 5-15 所示控制电路梯形图中，X00 接通 20 s 后，Y01 和 Y02 接通；再经过 35 s 的延时，Y02 断开，Y03 接通；X01 接通，Y01、Y02、Y03 线圈都处于失电状态。

操作步骤

（1）程序编辑、传输。详述如下：

① 打开 GX Developer 软件，创建新工程，编辑图 5-15 所示控制电路梯形图，该梯形图所对应的指令表如下：

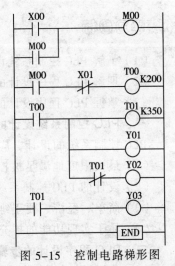

图 5-15　控制电路梯形图

```
0    LD     X00
1    OR     M00
2    OUT    M00
3    LD     M00
4    ANI    X01
5    OUT    T00    K200
6    LD     T00
7    OUT    T01    K350
8    OUT    Y01
9    ANI    T01
10   OUT    Y02
11   LD     Y03
12   OUT
13   END
```

② 保存程序：设置路径和工程名称，单击"保存"按钮。

③ 检查专用编程电缆的连接情况；接通电源，使电源指示灯为"ON"；将 PLC 的模式选择开关置"STOP"，使其处于编程状态。

④ 单击"在线"菜单，选择"传输设置"命令，对"串行 USB"进行串口详细设置，使"COM 端口"设置为 COM1，"传输速度"设置为 9.6 Kbps，其他保持默认值。

⑤ 单击"在线"菜单，选择的"PLC 写入"命令，将程序下载到 PLC 中。

（2）程序调试运行。详述如下：

① 将 PLC 的模式选择开关置"RUN"，使其处于运行状态。

② X00 置 ON，观察并记录 Y01、Y02 和 Y03 的动作情况。

③ X01 置 ON，观察并记录 Y01、Y02 和 Y03 的动作情况。

操作总结

（1）填写输出状态表，如表 5-2 所示。

表 5-2　输 出 状 态

项　目	Y01 状态	Y02 状态	Y03 状态	备　注
X00 置 ON				
X01 置 ON				

151

第五章　PLC 应用程序设计

（2）根据操作过程中记录的 Y01、Y02 和 Y03 的动作情况，总结定时器 T00 和 T01 在控制过程中起的作用。

（3）画出控制电路的时序图。

📖 课后回顾

PLC 是用来替代传统继电器控制系统的新型工业控制装置。继电器控制系统中的延时电路、自锁与互锁电路、振荡电路、故障报警电路、顺序电路等，都可以通过 PLC 编程来实现其控制功能。有些控制还可以运用 PLC 的指令来实现功能，如自锁控制就可以用 SET/RST 指令来实现。

第二节　PLC 程序设计

💻 学习目标

（1）了解 PLC 控制系统设计的基本原则；

（2）理解 PLC 程序设计的步骤；

（3）掌握 PLC 程序设计的方法。

一、PLC 控制系统设计的基本原则

PLC 控制系统的设计，应该遵循以下基本原则：

（1）最大限度地满足被控对象的控制需求；

（2）设计的 PLC 控制系统能够长期安全可靠地工作；

（3）简单、经济、便于维修，使用方便；

（4）易于实现功能的扩充。

二、PLC 程序设计的步骤

（1）分析被控对象的工艺过程和系统的控制要求，明确动作的顺序和条件，画出控制系统流程图（或状态转移图）；

（2）根据控制要求，选择输入、输出设备，确定 I/O 点数；

（3）选择 PLC 型号；

（4）编制 I/O 端口分配表，设计外部接线图；

（5）梯形图程序设计，编写指令语句表；

（6）程序写入，并运行调试，直到实现系统的控制要求。

三、PLC 程序设计的方法

梯形图经验设计法和顺序控制设计法，是 PLC 程序设计的常见方法。所谓梯形图经验设计法，是在将实际控制问题分解成多个典型控制电路的基础上，对它们进行"拼凑"，画出梯形图，完成程序设计的方法；而顺序控制设计法，是根据控制系统的动作过程画出顺序功能图，然后再根据顺序功能图画出梯形图的程序设计方法。

下面以机械手控制系统为例，来说明这两种 PLC 程序设计方法。

1. 机械手动作过程分析

在自动化生产线上，机械手的作用是将工件从一侧工作点搬运到另一侧工作点，它的全

部动作都是由电磁阀控制气缸驱动完成的。机械手上升/下降、左移/右移分别是由双线圈两位电磁阀来控制的，当对应的线圈接通时，机械手做该方向的运动，直到线圈失电，机械手停止工作并停在当前位置；机械手夹紧/放松是由单线圈两位电磁阀控制的，线圈得电时，机械手夹紧，线圈失电时，机械手放松。

图 5-16 是机械手将工件从 A 点移到 B 点的控制示意图。图中，机械手做如下动作：

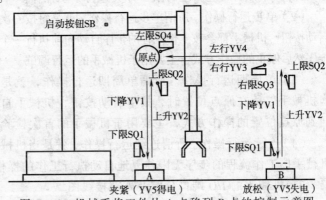

（1）机械手最初停留在原点，上限位开关 SQ2 和左限位开关 SQ4 均处于接通状态。

（2）按下启动按钮 SB，电磁阀 YV1 接通，机械手下降。

（3）机械手下降到位，下限位开关 SQ1 接通，电磁阀 YV1 断开，机械手停止下降；同时，电磁阀 YV5 接通，机械手夹紧工件。

图 5-16　机械手将工件从 A 点移到 B 点的控制示意图

（4）经过 5 s 延时，电磁阀 YV2 接通，机械手上升。

（5）机械手上升到位，上限位开关 SQ2 接通，电磁阀 YV2 断开，机械手停止上升；同时，电磁阀 YV3 接通，机械手向右移动。

（6）机械手右移到右限位开关 SQ3，电磁阀 YV3 断开，机械手停止右移运动；当光电检测装置检测到 B 点无工件时，电磁阀 YV1 接通，机械手再次下降。

（7）机械手下降到位，下限位开关 SQ1 接通，电磁阀 YV1 断开，机械手停止下降；同时，电磁阀 YV5 断开，机械手放开工件。

（8）经过 3 s 延时，电磁阀 YV2 接通，机械手上升。

（9）机械手上升到位，上限位开关 SQ2 接通，电磁阀 YV2 断开，机械手停止上升；同时，电磁阀 YV4 接通，机械手向左移动。

（10）机械手左移到位，左限位开关 SQ4 接通，电磁阀 YV4 断开，机械手左移运动停止，回到在原点。机械手一个周期的动作结束。

机械手的动作流程图，如图 5-17 所示。

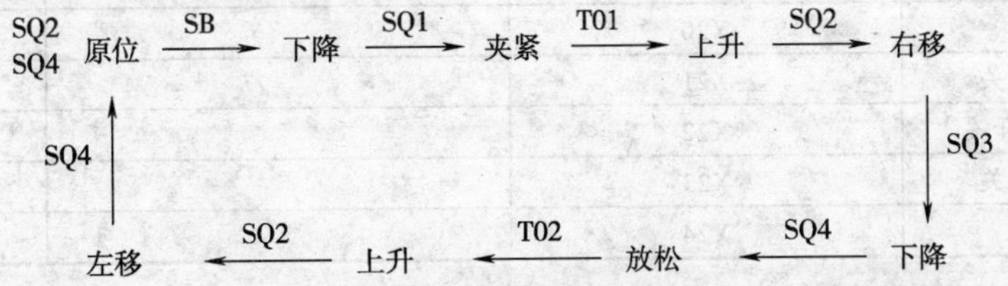

$$\begin{array}{ccccccccc}
SQ2 & & & SB & & SQ1 & & T01 & & SQ2 & \\
SQ4 & 原位 & \longrightarrow & 下降 & \longrightarrow & 夹紧 & \longrightarrow & 上升 & \longrightarrow & 右移 & \\
\end{array}$$

图 5-17　机械手的动作流程图

2. 机械手控制要求

机械手可以通过手动和自动两种操作进行控制。其中，自动控制操作分为单步运行操作、单周期运行操作和连续运行操作。机械手操作面板布置图如图 5-18 所示。

（1）手动操作。所谓手动操作，就是通过按钮对机械手的每个动作进行人工控制的操作方式，主要用于机械手控制系统的维修。机械手的上升/下降、左移/右移和夹紧/放松，都可以通过相应的限位开关进行手动操作。

（2）单步运行操作。所谓单步运行操作，就是每按一次启动按钮，机械手都会按工作流程的步序自动向前执行一个步序然后停止的操作方式，主要用于机械手的运行调试。

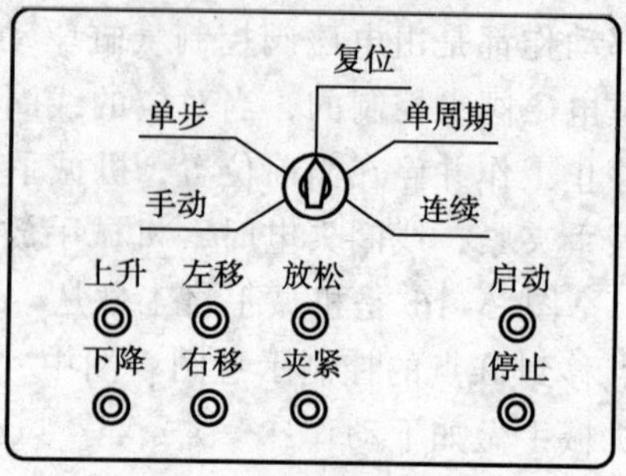

（3）单周期运行操作。所谓单周期运行操作，就是当机械手停留在原点位置时，按下启动按钮，机械手自动执行一个工作周期的动作，然后再回到原点位置的操作方式，主要用于机械手的首次检验。

图 5-18　机械手操作面板布置图

（4）连续运行操作。所谓连续运行操作，就是当机械手停留在原点位置时，按下启动按钮，机械手按工作流程的步序无限往复地自动执行工作的操作方式，主要用于机械的正常工作。

3. 机械手的 I/O 端口分配及外部接线图

（1）机械手的 I/O 端口分配，如表 5-3 所示。

表 5-3　机械手的 I/O 端口分配

输入部分		输出部分	
输入设备	输入端口	输出设备	输出端口
启动按钮 SB	X00	电磁阀 YV1（下降）	Y00
下限位开关 SQ1	X01	电磁阀 YV2（上升）	Y01
上限位开关 SQ2	X02	电磁阀 YV3（右移）	Y02
右限位开关 SQ3	X03	电磁阀 YV4（左移）	Y03
左限位开关 SQ4	X04	电磁阀 YV5（夹紧/放松）	Y04
停止按钮 SB1	X05		
光电检测开关	X06		
下降按钮	X10		
上升按钮	X11		
右移按钮	X12		
左移按钮	X13		
夹紧按钮	X14		
放松按钮	X15		
手动选择开关	X20		
单步操作选择开关	X21		
单周期操作选择开关	X22		
连续操作选择开关	X23		
复位开关	X24		

（2）机械手的外部接线图，如图 5-19 所示。

4. 机械手控制系统的 PLC 型号选择

通过对机械手的动作分析及 I/O 端口分配可知，控制系统需要 18 个输入点，5 个输出点，即 I/O 总点数为 23，考虑到 10% ~ 15% 的备用量，可选择一般小型 PLC。这里选择 FX2N-48MR 型 PLC 用于实现对机械手的操作控制。

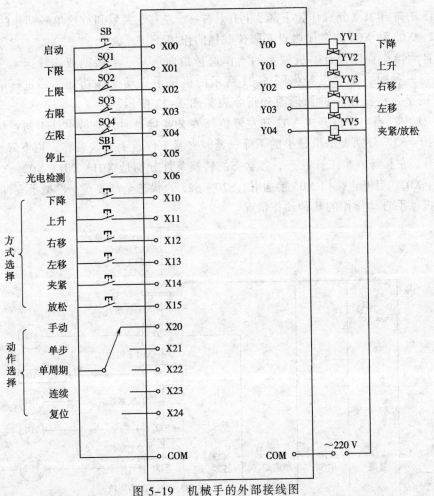

图 5-19 机械手的外部接线图

5. 机械手控制程序设计

机械手控制程序设计包括手动控制程序设计和自动控制程序设计两部分。其中，手动控制操作由于控制简单，按照梯形图经验设计法就可以完成程序设计；自动控制操作所包含的单步运行操作、单周期运行操作和连续运行操作可视为过程的步进控制，可以采用多种方法进行编程，这里按照顺序控制设计法可以完成程序设计。

（1）手动操作程序设计。当机械手的动作选择为手动操作方式时，X07 接通，执行手动操作程序，如图 5-20 所示。图中，机械手的下降和上升、右移和左移的运动控制分别利用了 Y01 和 Y00、Y03 和 Y02 的常闭触点，用来实现典型电路梯形图中的互锁电路，防止误操作；由于机械手的右移和左移只能在上限位开关 SQ2 接通时才能进行，因此在梯形图程序的设计中，使用了上限位输入端子 X02 的常开触点，用来实现上限联锁；X10、X11、X12、X13、

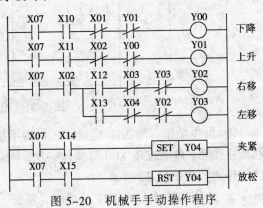

图 5-20 机械手手动操作程序

X14 和 X15 的常开触点分别作为下降、上升、右移、左移、夹紧和放松单一动作的启动按钮；X01、X02、X03 和 X04 的常闭触点起限位联锁的作用。

（2）自动操作程序设计。机械手的动作选择指向单步、单周期或连续运动三种操作方式中的任意一种时，都可以根据图 5-21 所示的机械手自动操作功能图，进行应用程序的设计。机械手自动操作步进梯形图和指令表如图 5-22 所示。

图 5-21 中，当上限位开关 X02 和左限位开关 X04 接通时，机械手处于初始状态（用 S0 表示）；S20～S27 分别表示机械手的下降、延时夹紧工件、上升、右移、再下降、延时放松工件、上升、左移等八个工作状态，各状态的转换条件分别是 X01、T01、X02、X03 和 X06、X01、T02、X02。当停止按钮 X05 接通时，S20～S27 的状态全部复位，机械手立即停止工作。下面介绍机械手自动操作的几种动作情况。

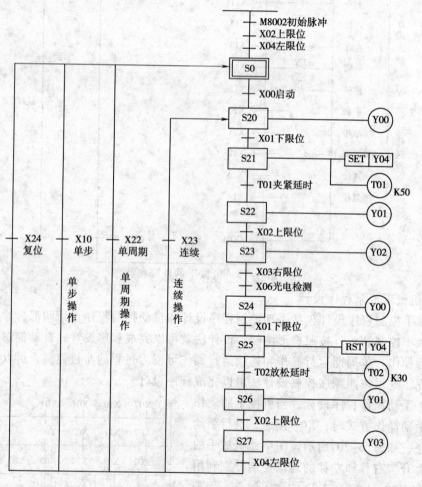

图 5-21　机械手自动操作功能图

① 单步操作。当 X10 接通时，机械手执行单步操作。利用特殊辅助继电器 M8040 的转移禁止作用，启动按钮 X00 每动作一次，M8040 解除禁止一次，使机械手顺序完成一个动作，然后停止，如图 5-22 所示。

② 单周期操作。当 X22 接通时，机械手执行单周期操作，如图 5-21 所示，机械手自动

执行下降、延时夹紧工件、上升、右移、再下降、延时放松工件、上升、左移的动作流程后，返回到初始状态 S0 并在原位停止；直到再次按下启动按钮 X00，才能够继续工作。

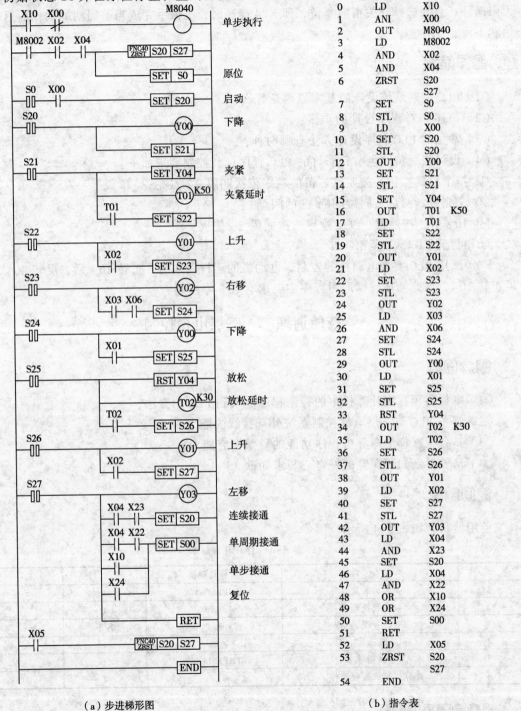

图 5-22　机械手自动操作步进梯形图和指令表

（a）步进梯形图　　　　　　　　（b）指令表

③ 连续操作。当 X23 接通时，机械手执行连续操作，如图 5-21 所示，按下启动按钮

X00，机械手自动执行下降、延时夹紧工件、上升、右移、再下降、延时放松工件、上升、左移的动作流程后，由于 X23 处于接通状态，程序跳转到状态步 S20，开始下一个工作周期，无限循环；直到选择开关指向复位，即 X24 接通时，机械手完成当前周期的动作后返回到初始状态停止工作。

课后练习

（1）PLC 控制系统设计的基本原则是什么？

（2）简述 PLC 程序设计的步骤。

（3）常见的 PLC 程序设计方法有哪两种？

（4）设计红、黄双色节日彩灯的 PLC 程序，其控制要求如下：

① 按下启动按钮，按照红、黄的顺序依次间隔 2 s 点亮；

② 全亮后，两灯共同做间隔 1 s 的闪烁；

③ 10 s 后，按照黄、红的顺序依次间隔 2 s 熄灭；

④ 再经过 1 s，重复第①步。

（5）试用 PLC 实现电动机的控制，电动机的运行周期为：正转 10 s 后，反转 20 s，然后再正转 10 s，如此循环。梯形图程序中要求有启、停控制。

技能训练二　三层电梯控制

能力目标

（1）掌握将预存在计算机中的控制程序下载到 PLC 的方法；

（2）具备 PLC 与三层电梯控制系统外部接线的能力；

（3）具备根据梯形图分析程序功能的科学探究能力；

（4）培养对新知识探究的好奇心与求知欲。

使用器材

使用器材，如表 5-4 所示。

表 5-4　使用器材

序　号	名　称	型号与规格	数　量	备　注
1	实训装置	THPFSL-1/2	1	
2	实训挂箱	A19	1	
3	导线	3 号	若干	
4	SC-09 通信电缆		1	三菱
5	实训指导书	THPFSL-1/2	1	
6	计算机（带编程软件）		1	自备

端口分配及接线图

（1）I/O 端口分配，如表 5-5 所示。

表 5-5　I/O 端口分配

序　号	PLC 地址（PLC 端子）	电气符号（面板端子）	功能说明
1	X00	S3	三层内选按钮
2	X01	S2	二层内选按钮
3	X02	S1	一层内选按钮
4	X03	D3	三层下呼按钮
5	X04	D2	二层下呼按钮
6	X05	U2	二层上呼按钮
7	X06	U1	一层上呼按钮
8	X07	SQ3	三层行程开关
9	X10	SQ2	二层行程开关
10	X11	SQ1	一层行程开关
11	Y00	L3	三层指示
12	Y01	L2	二层指示
13	Y02	L1	一层指示
14	Y03	DOWN	轿厢下降指示
15	Y04	UP	轿厢上升指示
16	Y05	SL3	三层内选指示
17	Y06	SL2	二层内选指示
18	Y07	SL1	一层内选指示
19	Y10	八音盒	八音盒
20	Y11	A	数码控制端子 A
21	Y12	B	数码控制端子 B
22	Y13	C	数码控制端子 C
23	Y14	D	数码控制端子 D
24	主机 COM、面板 COM 接电源 GND		电源地端
25	面板 V+接电源+24 V		电源正端

（2）外部接线图，如图 5-23 所示。

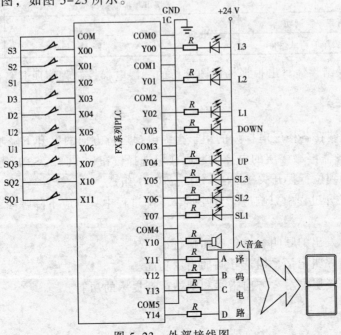

图 5-23　外部接线图

🎯 操作步骤

（1）硬件连线。按照 I/O 端口分配或外部接线图完成 PLC 与实训模块之间的接线，认真检查，确保正确无误。

（2）打开预存程序。打开 GX Developer 编程软件，单击"工程"菜单，选择"打开工程"命令，调用存于计算机 D 盘上的三层电梯控制梯形图。

（3）分组讨论。根据调用的梯形图，分析三层电梯控制程序的控制功能，记录分析结果；

（4）程序传输：

① 检查专用编程电缆的连接情况；接通电源，使电源指示灯为"ON"；将 PLC 的模式选择开关置"STOP"，使其处于编程状态。

② 单击"在线"菜单，选择"传输设置"命令，对"串行 USB"进行串口详细设置，使"COM 端口"设置为 COM1，"传输速度"设置为 9.6 Kbps，其他保持默认值。

③ 单击"在线"菜单，选择"PLC 写入"命令，将程序下载到 PLC 中。

（5）程序调试运行：

① 将行程开关 SQ1 拨到 ON，SQ2、SQ3 拨到 OFF，表示电梯停在底层；

② 使电梯楼层选择按钮或上下按钮分别置 ON，观察电梯运行情况并记录结果；

③ 重复第②步，按下不同的选择按钮，观察并记录结果。

📋 操作总结

（1）填写三层电梯运行情况记录表，如表 5-6 所示。

表 5-6　三层电梯运行情况记录表

项　　目	三层电梯控制运行情况	备　　注
根据梯形图分析程序控制功能		
预存在计算机中程序的调试运行		

（2）对比记录结果，写出根据梯形图分析的三层电梯控制程序所具备的功能。

🔅 控制功能参考

（1）电梯由安装在各楼层电梯口的用于操纵电梯运行方向的上升下降呼叫按钮（U1、U2、D2、D3）；用于选择需停靠楼层的电梯轿厢内楼层选择按钮（S1、S2、S3）；上升下降指示（UP、DOWN）和各楼层到位行程开关（SQ1、SQ2、SQ3）组成。

（2）电梯在上升过程中只响应上升呼叫，下降过程中只响应下降呼叫，任何反方向的呼叫均无效。

（3）对于同时发出的呼叫，谁先呼叫执行谁。

（4）电梯具有呼叫记忆、内选呼叫的指示功能。

（5）电梯具有楼层显示、方向指示和到站声音提示的功能。

示例程序

三层电梯控制的梯形图程序如图 5-24 所示。

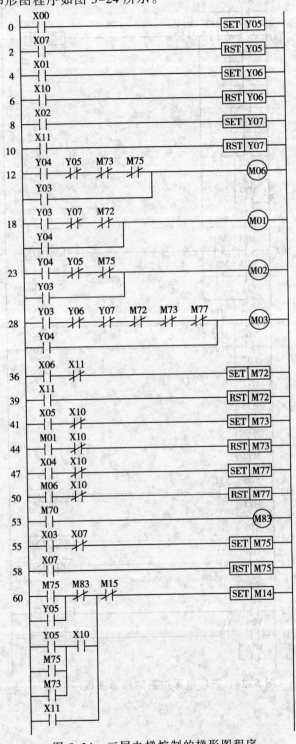

图 5-24 三层电梯控制的梯形图程序

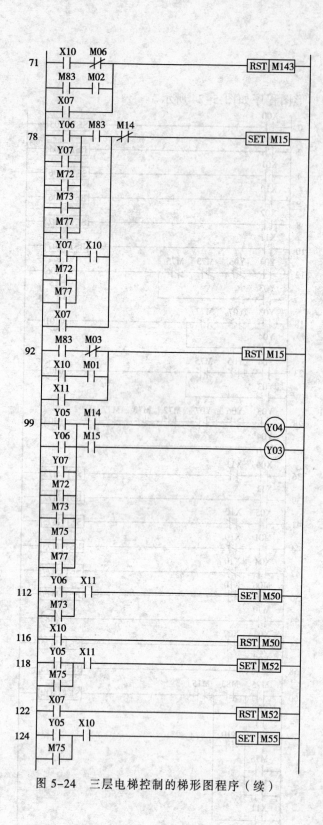

图 5-24　三层电梯控制的梯形图程序（续）

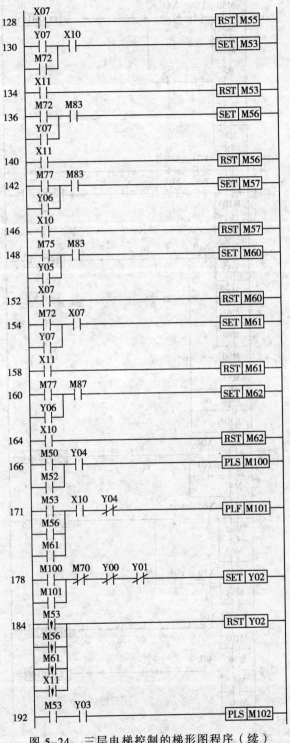

图 5-24 三层电梯控制的梯形图程序（续）

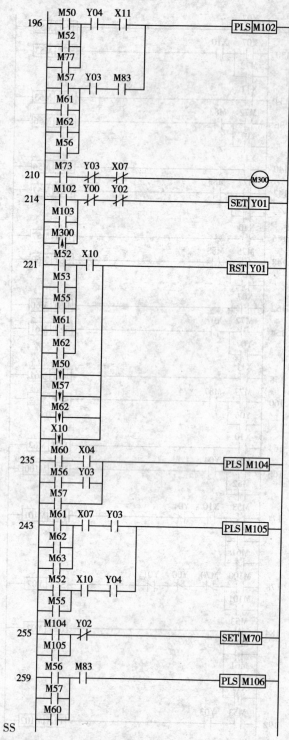

图 5-24 三层电梯控制的梯形图程序（续）

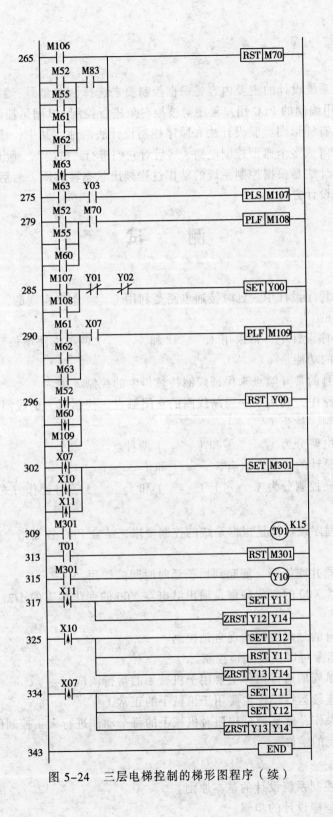

图 5-24 三层电梯控制的梯形图程序（续）

课后回顾

PLC 应用控制系统设计的主要内容是根据控制要求选择 PLC 型号,然后将其与现场的 I/O 设备连接起来,利用编制的 PLC 用户程序对被控对象进行控制,以满足控制要求。常见的 PLC 用户程序设计方法有梯形图经验设计法和顺序控制设计法两种。其中,梯形图经验设计法是将实际控制问题分解成多个典型控制电路,然后对它们进行"拼凑",画出梯形图的程序设计方法;顺序控制设计法是根据控制系统的动作过程画出状态转移图,然后再根据状态转移图画出梯形图的程序设计方法。

测　　试

一、填空题

（1）在 PLC 的程序设计中,延时接通电路是利用（　　）来实现的,延时断开电路是利用（　　）来实现的。

（2）在 PLC 程序设计中,常采用（　　）和（　　）两种方法增长延时时间。

（3）分频电路的功能是（　　）。

（4）用线圈自身的常开触点来保证线圈持续得电的控制,称为（　　）。

（5）在几个回路中,利用某一回路线圈的常闭触点,控制对方的线圈回路,进行状态保持或功能限制的控制,称为（　　）。

（6）顺序控制电路分为（　　）和（　　）两种。

（7）PLC 程序设计的常见方法有（　　）和（　　）。

（8）机械手自动控制分为（　　）、（　　）和（　　）三种操作方式。

二、判断题

（1）PLC 应用程序设计就是根据系统的控制要求,结合 PLC 各类指令的功能进行梯形图的设计。　　　　　　　　　　　　　　　　　　　　　　　　　　（　　）

（2）多个定时器并联使用,能起到增长延时时间的作用。　　　　　　　　　（　　）

（3）输入继电器 X00 的变化频率是输出继电器 Y00 的变化频率的 1/2,称为二分频电路。　　　　　　　　　　　　　　　　　　　　　　　　　　　　　　　（　　）

（4）用线圈自身的触点能够实现自锁控制。　　　　　　　　　　　　　　　（　　）

（5）SET/RST 指令可以实现互锁控制。　　　　　　　　　　　　　　　　　（　　）

（6）机械手的单周期运行操作主要用于机械手的运行调试。　　　　　　　　（　　）

（7）机械手的连续运行操作主要用于机械手的正常工作。　　　　　　　　　（　　）

（8）所谓手动操作,就是通过按钮对机械手的每个动作进行人工控制的操作方式,主要用于机械手控制系统的维修。　　　　　　　　　　　　　　　　　　　　（　　）

三、简答题

（1）简述 PLC 控制系统设计的基本原则。

（2）简述 PLC 程序设计的步骤。

四、画图及设计题

（1）画出图 5-25 所示梯形图电路的时序图。

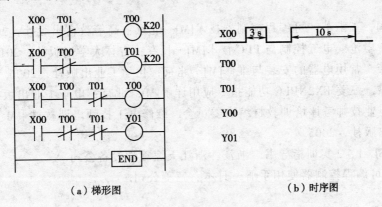

（a）梯形图　　　　　　　　　（b）时序图

图　5-25

（2）分别由 M1、M2 和 M3 三台电动机拖动的传送带运输机，按如下控制要求正常工作：启动顺序为 M1→M2→M3，且每台电动机的启动时间间隔为 5 s；停车顺序为 M3→M2→M1，且每台电动机的停车时间间隔为 10 s。试设计该传送带运输机的 PLC 控制程序。

参 考 文 献

[1] 张林国，王淑英. 可编程控制器技术[M]. 北京：高等教育出版社，2002.

[2] 杨俊，虞沧. 电气控制与 PLC 技术[M]. 长春：吉林大学出版社，2010.

[3] 陈惠荣. 常用电器的安装与维修[M]. 北京：化学工业出版社，2006.

[4] 李金城. 三菱 FX2NPLC 功能指令应用详解[M]. 北京：电子工业出版社，2011.

[5] 机械工业技师考评培训教材编审委员会. 维修电工技师培训教材［M］. 北京：机械
工业出版社，2005.

[6] THPFSL-1、2 实训指导书. 浙江：浙江天煌教学设备公司.

[7] FX2N 可编程控制器使用手册. 日本：三菱公司.